2017年度中国博士后科学基金第62批面上二等资助项目

（项目编号：2017M623101）

西安工业大学科研启动资金资助项目

《史记》兵器研究

伏奕冰　著

齐鲁书社

· 济南 ·

图书在版编目（CIP）数据

《史记》兵器研究 / 伏奕冰著. -- 济南 : 齐鲁书社, 2023.11

ISBN 978-7-5333-4778-9

Ⅰ.①史… Ⅱ.①伏… Ⅲ.①《史记》–武器–研究 Ⅳ.①E92-092

中国国家版本馆CIP数据核字(2023)第177433号

策划编辑：杨德乾
责任编辑：张　超　周梦雨
装帧设计：赵萌萌　刘羽珂

《史记》兵器研究
SHIJI BINGQI YANJIU

伏奕冰　著

主管单位	山东出版传媒股份有限公司
出版发行	齐鲁书社
社　　址	济南市市中区舜耕路517号
邮　　编	250003
网　　址	www.qlss.com.cn
电子邮箱	qilupress@126.com
营销中心	（0531）82098521　82098519　82098517
印　　刷	山东临沂新华印刷物流集团有限责任公司
开　　本	880mm×1230mm　1/32
印　　张	8.5
插　　页	3
字　　数	156千
版　　次	2023年11月第1版
印　　次	2023年11月第1次印刷
标准书号	ISBN 978-7-5333-4778-9
定　　价	54.00元

目 录

第一章
以微知著——兵器研究概览

一、本书研究概况

自《史记》问世以来，至今两千多年间，历代学者对司马迁与《史记》的研究从未中断，成果可谓汗牛充栋。但专门针对《史记》兵器的研究较少，学术界至今还没有研究《史记》兵器的专著，可以借鉴的研究成果，主要集中在一些先秦、秦汉名物研究当中。这些成果主要有：王子今先生撰写的《秦汉名物丛考》《秦汉社会史论考》《秦汉交通考古》，王先生是秦汉史研究专家，上述专著主要对秦汉时期社会生活的衣食住行等各个方面进行分析研究。其中《秦汉名物丛考》中涉及了秦汉的护腿（可以归为甲胄类）、弩，该著作对秦汉的弩论述用力颇深。黄金贵先生主编的《中国古代文化会要》（图文修订本）是一部大型的、图文并茂的著作，本书的最大亮点是将解释名物与古代文化史相结合，遴选出古代典籍中常见而又重要的天时、农事、礼俗、服饰、饮食、建筑、交通、什物、体育九类，分主题做详细的解说，并配以精美的图片。黄先生还撰写了《古代文化词义集类辨考》，该书是一部对古代文化类词汇做同义系统训释的专著，也是一部训释古代文化词语的专科辞书。共 264 组，分国家、经济、人体、服饰、饮食、建筑、交通、什物八大物类。辨释 1300 余词，考证词义 400 余条。训释中，先简证其同，再运用文化语言学和系统考辨的方法，从书证、实证两方面着力训释诸词的"同中之异"。其中涉及秦汉兵器的内容包含在"什物"类中。孙机先生是著名文物专家，在古代器物研究方面造诣颇深，其主要代表作有《汉代物质文化资料图说》《中国古代物质文化》《从历史中醒来：孙机谈中国古文物》等。孙先生长期从事古文物研究，上述三种著作主要就汉代及其他历史时期的物质文化进行精彩论述。作者擅长运用文物与文献相结合的方式，以晓畅的文笔，一器一物，揭示起源与演变，既有宏观的鸟瞰，又有细节的发现。举凡历

史时期的动物、饮食、武备、科技、佛教艺术，乃至杂项等
中国古文物，一一复原岁月侵蚀下模糊乃至消逝了的历史场
景，帮助读者通晓中国古代物质文化常识。孙先生的著作以
饶有兴味的专题立篇，考证得出结论，其著作中用到的数百
幅线图，皆出自作者手绘，严整精细，画面生动，图文相辅，
涉笔成趣。孙先生的上述著作均有篇章专门探讨兵器，尤其
擅长将古文献记载的各类名物与出土实物相结合，考证十分
翔实。扬之水先生也是古名物研究专家，其代表作主要有
《诗经名物新证》《古诗文名物新证》。其著作的主要特点是
注重生活中的器物，尤其善于将名物研究与生活史相结合，
且行文颇具韵味，赋予严谨的历史考证文章以散文的笔法。
日本学者细井徇《诗经名物图解》、钱玄《三礼名物通释》、
徐鼎《毛诗名物图说》、陈健仲《〈山海经〉名物考》、闫艳
《〈全唐诗〉名物词研究》、刘兴均《〈周礼〉名物词研究》、
李湘《诗经名物意象探析》、吕华亮《〈诗经〉名物的文学价
值研究》、李儒泉《诗经名物新解》、谢美英《〈尔雅〉名物
新解》等，对古代兵器都有所涉及。需要指出的是，杨泓、
钟少异先生长期从事古代兵器研究，颇有建树，代表作分别
为《中国古兵器论丛》《中国古兵与美术考古论集》和《龙
泉霜雪——古剑的历史和传说》《金戈铁戟——中国古兵器
的历史与传统》《古兵雕虫——钟少异自选集》。总体而言，

这些论著集中了古代名物尤其兵器的研究，但学术界还没有专门结合《史记》一书的特定时空、特定战争、特定人物集中研究其兵器，以及以古代中外交流为研究视角的著作，这正是本书研究的必要性和切入点。

二、本书的基本内容

《史记》是一部百科全书式的著作，记载了从黄帝到汉武帝时期共三千多年的历史，而战争史是其主要内容之一。从《五帝本纪》《夏本纪》《殷本纪》《周本纪》《秦本纪》《秦始皇本纪》《项羽本纪》到《孝武本纪》，为我们勾勒出了上古三千年战争史的宏伟图像；而《司马穰苴列传》《孙子吴起列传》《白起王翦列传》《廉颇蔺相如列传》《黥布列传》《淮阴侯列传》《李将军列传》《匈奴列传》《卫将军骠骑列传》等传记则使得这幅"图像"有血有肉，丰满充实。《史记》的记载中同样充满了这一漫长历史时期名目繁多的兵器。根据考古类型学分类而言，《史记》中所写的兵器主要包括两类：第一类为一般兵器，分为远射兵器、格斗兵器、卫体兵器、刑罚兵器；第二类为其他军事器械，主要有战马、战车、旌旗、刁斗、巢车等。据笔者初步统计，《史记》中的一般兵器有十几种，而其他军事器械诸如战车、战马、旌旗、刁斗、刑具等的出现场景则以数百计。本书仅对上述兵器中的三大类——抛射类兵器、格斗类长兵与御体类短兵——展开具体讨论。具体而言,第一,对《史记》中的三大类兵器进行系统全面的检索,对其进行文献疏证,尽可能与先秦两汉的其他历史文献进行比较研究。第二,充分运用近百年来出土的相关材料与之印证,与《史记》记载时代相当的出土材料,是我们对照研究的重点,比如商代妇好墓出土的兵器、春秋战国时期墓葬出土的兵器。而举世闻名的秦始皇陵兵马俑,更是一座内容丰富的军事博物馆。汉墓壁画、汉代画像砖石,也保留了丰富的狩猎战事场面。第三,从文学的视角对《史记》中的兵器进行审视。试图突破传统名物考证类文章的藩篱,在文献考证的基础上,对《史记》中的兵器所蕴含的独特文学性展开较深入的发掘。

三、本书的基本思路

《史记》记载了三千多年的战争,也记载了三千多年的兵器。这些兵器名目繁多,是上古战争中物质文化的充分反映。通过对《史记》中三大类兵器的全面钩稽、梳理与分类,并把它们放到具体的战争场景中进行分析和还原,可以更好、更准确地理解当时的军事和战争,对研究古代物质文化与社会生活也有多方面的参考价值。从某种意义上讲,中国古代历史,可以说是一部战争史,《史记》中记载的战争内容非常丰富，在全书中占了很大比重。从先秦到秦汉，也是中国冷兵器发展最快、变化最多的时期，《史记》真实地记录了这一时期的战争，反映了从黄帝到汉代这一漫长历史时期的军事生活与社会生活。具体来讲，本书的基本思路如下：

1. 对《史记》中关于兵器的内容进行全面系统的整理。本书拟突破《艺文类聚》《初学记》《太平御览》等传统类书将兵器归为"军械部""武部""兵部"的分类，按照现代考古类型学将《史记》中的主要兵器分为抛射类兵器（主要为弓、弩）、格斗类长兵（主要为矛、戟等）、御体类短兵（主要为刀、剑）三大类。对这些兵器的钩稽整理分类是本书的首要与基础目标。全面考察《史记》关于三大类兵器的记载，予以考释，从历时性角度对这些兵器的演变进行勾勒，是本书进展的第一步。《史记》中的兵器，除了《史记会注考证》《史记会注考证校补》《史记辞典》等集成性的成果，与之相关的先秦两汉其他史料也有记载，清代和现当代学者则有大量的研究成果可供参考和借鉴。

2. 追本溯源，探求流变。全面搜集近百年来出土的与兵器相关的实物、雕塑、画像砖、画像石、壁画等，与《史记》中的三大类兵器相对照进行研究，并运用王国维先生所说的二重证据法。如出土的商代妇好大铜钺、越王勾践剑、秦长剑，以及春秋战国时代大量的弓、弩、枪、刀、剑、矛、盾、斧、钺、戟、铜、挝、殳（棍）、叉、耙头、锦绳套索等。尤其是秦始皇陵兵马俑，除了数以千计的士兵俑，还有大量的木质战车、青铜兵器、车马器，是秦国强大军事实力的集中展示，也是研究那个时期兵器的珍贵资料。汉代出土的兵器数量较多，而且汉画像砖、画像石上有生动的狩猎军事题材的图像。用这些出土材料与《史记》中的记载互相印证，以期对各兵器追本溯源、探求流变。魏晋以后，青铜武器彻底退出战争舞台。整个中古时期是铁器的时代，但与青铜器相比，铁器不易保存，所以出土实物少之又少。不过，这一时期却有比较丰富的图像与文献材料，尤其丝绸之路沿线图像材料中有大量的军事图像，诸如敦煌莫高窟第 254 窟、第 249 窟、第 285 窟、第 290 窟、第 296 窟、第 302 窟、第 380 窟、第 332 窟、第 45 窟、第 154 窟、第 156 窟、第 12 窟、第 98 窟、第 100 窟、第 6 窟、第 61 窟等洞窟壁画中的军事或兵器图像，此外，敦煌榆林窟、唐代墓葬壁画、山西忻州墓葬壁画、新疆克孜尔石窟壁画等都有丰富的军事图像。结合这些形象资料，可以更加清楚地认识兵器在火器出现之前即中古时期的总体流行变化。以上是本书进展的第二步。

　　3.《史记》是写战争的杰作，也是写人的杰作。《史记》中的兵器，是通过对战争和人的活动的描写展示出来的。所以，研究《史记》中的兵器，要通过对情节和人物性格的分析，让兵器和它的使用者连为一体，在实践运用中、在当时的文化生态中分析和认识兵器的特性，这是本书进展的第三步。比如项羽、灌夫手中的"戟"、李广手中的"弓箭"、李陵手中的"弩"、专诸和荆轲手中的"匕首"等。

四、本书的研究难点

1. 在抛射类兵器，即弓与弩部分的研究中，本书拟突破传统研究中以中原政权为主导的研究视角，试图以整个欧亚大陆为视角切入，并尽可能使用人类学、社会学相关成果，综合全面地解析《史记·匈奴列传》中蕴含的草原民族的弓箭文化。这是本书的第一个难题。

2. 尽可能全面深入地挖掘《史记》中的兵器所蕴含的文学意义，这是本书的第二个难题。

五、研究的意义

第一，本书在名物学、训诂学研究方面有重要意义。古代兵器是我们祖先进行战争与狩猎生活的真实记录，对它的研究本身颇具魅力，因为每一件兵器上面，都留下了古人的生活印迹和生命记录。比如秦始皇陵兵马俑出土的青铜戈，许多上面都刻有铭文，保留着当时的历史记忆。研究这些兵器，就是和我们的祖先对话，感受他们的生活，具有解读千年前古代生活真相的趣味。古代兵器是古代名物的重要一支，名物研究本身颇具意义，王宁先生在给刘兴均先生《〈周礼〉名物词研究》一书所作序中指出："名物考据是我国古代学术的一个专门题目，它的任务是对一些物类的专有名词进行解释。解释一个专有名词，必须名、实同步考察，源、流一并弄清，所以，这一课题涉及多方面的领域，是一个词源学、训诂学、文化学甚至科技史等学科的交叉课题，难度是比较大的。但是，它也是一个很有魅力的课题，常常于不经意之中发掘出奇异，让人发出慨叹。"系统考察这些兵器，给予准确的考证，以丰富并进一步匡正它们在训诂学、词源学上的内容，很有意义。

第二，本书对于史记学研究有重要意义。《史记》是不朽的巨著，对司马迁及其《史记》的研究已经形成史记学。（张新科：《史记学概论》，商务印书馆 2003 年版）从兵器角度进行研究，是对史记学的丰富、完善与补充。同时，通过对兵器的研究，可以进一步加强对《史记》本身的认识。

第三，本书对于古代军事史、社会生活史、科技史，以及物质文化研究有重要意义。《史记》记载了从史前黄帝到汉武帝时期三千多年的历史，尤其着重叙述了秦汉至汉武帝时期近百年的史事。对《史记》记录的兵器进行深入考察，可以进一步了解当时的军事情况与社会生活。每一种兵器产生的时代及其形制、用途、变化，还有它包含的文化内涵，体现的是其所处时期的文明程度和精神风貌。每一种名物本身就是一个物质世界。这也是本书研究的重要意义，使兵器研究突破传统的训诂学研究范畴，上升到古代军事史、社会生活史、科技史，以及物质文化研究的高度。

第四，本书对于国术发展史与我国尚武精神的研究具有重要意义。中国武术博大精深，源远流长。在冷兵器时代，毫无疑问，武术的本质就是这些冷兵器的使用方法。可以说，在搏斗中使用兵器（器械），是早于徒手搏斗的。根据相关研究，我们今天所见的各种武术套路，如太极拳、形意拳、八极拳、南拳等大多形成于明清或晚近时期。而先秦、秦汉时期，中国武术的源头和面貌究竟如何，材料非常有限，只能从文献与出土材料的蛛丝马迹中探索。可以肯定的是，《史记》中记载的一些侠之大者，如荆轲、秦舞阳、专诸等都是舍生忘死、重义轻利、有大气节的猛士，他们的侠义精神至今为人们所歌颂。从太史公的描写中不难看出，这些侠士尤擅兵器，武艺精湛而实用，绝不是花拳绣腿。因此，可以肯定早期的国术是非常实用的武术。另外，《汉志·兵书略》"兵技巧"类有《逢门射法》二篇、《阴通成射法》十一篇、《李将军射法》三篇、《魏氏射法》六篇、《强弩将军王围射法》五卷、《望远连弩射法具》十五篇、《护军射师王贺射书》五篇、《蒲苴子弋法》四篇、《剑道》三十八篇，这些"武学秘籍"也说明秦汉时期我们的先民非常注重国术的传承。所以，从这个视角来说，系统分析《史记》中的兵器有重要意义。此外，20 世纪 30 年代雷海宗先生《中国文化与中国的兵》一书曾提出：战国时期，北方游牧民族未能对中原构成大的威胁，原因在于中原各诸侯国不仅平民当兵，富人、贵族也当兵，近于全民皆兵，军队素质高、战斗力强；而自汉代以后，军队多由流民组成，战斗力明显下降，所以不断遭受北方游牧民族的威胁。雷先生推崇文武兼备，认为武德使人坦白光明，而文德之畸形发展会导致中国社会走向病态。这可以说是对古代中国尚武精神的回顾。从这个角度而言，系统分析《史记》中的兵器，以及使用它们的武将、文臣、侠士，就是对中国早期尚武精神的研究。

第五，本书对于早期中外交流研究有一定意义。兵器是最能反映中外交流的物质文化。著名学者饶宗颐先生就对"前丝绸之路"时期，主要是先秦时期的中外文化交流做过深入研究。他认为，在匈奴占据河西走廊之前，今甘肃西部和新疆东部、中部的塞人、月氏人等，就在中原和中亚的文化交流方面扮演了重要的角色。而中国典籍《穆天子传》《山海经》中就有这些文化交流的影子。公元前 16 世纪，西亚最发达的苏美尔人,后来突然在历史记载中消失,成为历史之谜。苏雪林先生经过考证认为,这支文化发达的种族,经过千辛万苦,经南亚到了胶东半岛,和当地部族逐渐融合,创造了光辉灿烂的齐文化。可以说,在"前丝绸之路"时期,中外交流就很频繁,而这些交流中最为常见的活动不是贸易,而是军事行动——战争。先秦时期,秦人的祖先就在今甘肃陇东地区与西北的戎、羌展开近百年的浴血奋战,直到秦穆公时才西取由余、东得百里奚,"遂霸西戎"。秦人高超的制车技术、娴熟的弓弩技术,都曾从与西戎的历次血战中吸取养分。汉武帝曾遣使赴西域索求好马,以壮军威。所以说,通过对《史记》兵器的研究,可以探寻早期中外交流的轨迹。

第六,兵器本身对人类社会的贡献意义重大。恩格斯指出,弓箭对于蒙昧时代,正如铁剑对于野蛮时代和火器对于文明时代一样,乃是决定性的武器。著名社会学家郑也夫先生在《文明是副产品》一书中也提出观点:人类由群婚制走向一夫一妻制的原因并非道德文明的进步,而是狩猎,其中兵器是至关重要的因素。由此可见,兵器对人类社会的文明进步有着重要贡献。

六、本书的创新之处和基本研究方法

1. 创新之处

（1）不同于传统以训诂为主的名物研究，本书的主要创新点在于将兵器研究纳入古代军事史与社会生活史的研究范畴，尤其是将兵器置于彼时彼地的场景中进行考察，通过对这些兵器名物的考察而进一步深化对《史记》的文学表现力与古代军事史的研究，尽可能分析这些兵器所蕴含的深刻文学意蕴。

（2）本书在弓箭研究部分，充分吸收人类学、社会学研究成果，试图通过《匈奴列传》全面还原欧亚大陆上草原民族的战争文化内核。这也是本书的创新点之一。

2. 基本研究方法

本书将依据唯物史观原理，综合运用文献考证、考古分类、图表统计、归纳总结等历史学、文献学与文学研究方法，就《史记》中的三类兵器进行深入研究。同时，本书还将利用人类学、民族学等相关研究方法，力求有所推进。

第二章
强弓硬弩——抛射类兵器

第一节 弓：游牧民族的利器

冷兵器时代，弓矢（箭）一直是人类战争的主要攻击兵器，因其具备比较稳定的性能与远程抛射打击敌人的战术效果，故而受到世界各地各民族的青睐。比如享誉古代战场的蒙古弓、回鹘弓与英国长弓。在我国古代，弓矢之利，一直是历代政权武功全胜的象征。从史前文明到第一次鸦片战争，弓矢一直是历代战争中最主要的兵器，即使原始火器在宋代出现之后，在很长的历史时期内，也没有取代弓矢在战场上的地位。除中原以外，在长城以北广袤的内亚地区，弓矢更是活跃于这些地区的民族最主要的兵器。从匈奴、乌桓、鲜卑、高车、柔然、突厥、回鹘，到契丹、党项、蒙古、女真、满洲，无一不是弯弓控弦的高手，他们在人类漫长的历史时期、在辽阔的欧亚大陆，用弓弦上演了一出又一出波澜壮阔的战争剧。

我国古代历史，可以说是一部战争史，《左传》中有大量关于先秦战争的记载，"二十四史"中亦不乏对历代军事战争的描述。太史公司马迁的《史记》记载了三千余年的历史，从某种意义上，也可以看作是三千年的战争史。兵器是战争的必需与必备元素，因此，《史记》大致可以反映我国从上古时期到西汉时期兵器发展的脉络。

就古代战争中主要使用的抛射类兵器弓矢与弩而言，它们在《史记》当中就有很多反映，尤其集中于楚汉以来的战争书写中。列表如下[①]：

---

① 本文将兵器列表归纳，并附以《史记》最新整理版本作为索引，即中华书局 2014 年版（以下简称"修订本"）。

《史记》中的弓

序号	出处	修订本页码
1	卷三《殷本纪》 　　西伯出而献洛西之地，以请除炮格之刑。纣乃许之，赐弓矢斧钺，使得征伐，为西伯。	第 137 页
2	卷四《周本纪》 　　纣大说，曰："此一物足以释西伯，况其多乎！"乃赦西伯，赐之弓矢斧钺，使西伯得征伐。	第 151—152 页
	《周本纪》 　　是故周文公之颂曰："载戢干戈，载櫜弓矢，我求懿德，肆于时夏，允王保之。"先王之于民也，茂正其德而厚其性，阜其财求而利其器用，明利害之乡，以文修之，使之务利而辟害，怀德而畏威，故能保世以滋大。	第 173 页

（续表）

序号	出处	修订本页码
	《周本纪》 襄王乃赐晋文公珪鬯弓矢，为伯，以河内地与晋。二十年，晋文公召襄王，襄王会之河阳、践土，诸侯毕朝，书讳曰"天王狩于河阳"。	第194页
2	《周本纪》 楚有养由基者，善射者也。去柳叶百步而射之，百发而百中之。左右观者数千人，皆曰善射。有一夫立其旁，曰"善，可教射矣"。养由基怒，释弓搤剑，曰"客安能教我射乎"？客曰"非吾能教子支左诎右也。夫去柳叶百步而射之，百发而百中之，不以善息，少焉气衰力倦，弓拨矢钩，一发不中者，百发尽息"。	第206页
3	卷六《秦始皇本纪》 然陈涉以戍卒散乱之众数百，奋臂大呼，不用弓戟之兵，锄耰白梃，望屋而食，横行天下。	第349页
	《秦始皇本纪》 乃使蒙恬北筑长城而守藩篱，却匈奴七百余里，胡人不敢南下而牧马，士不敢弯弓而报怨。	第353页

（续表）

序号	出处	修订本页码
	卷十二《孝武本纪》 　　今鼎至甘泉，光润龙变，承休无疆。合兹中山，有黄白云降盖，若兽为符，路弓乘矢，集获坛下，报祠大飨。	第 591 页
4	《孝武本纪》 　　"余小臣不得上，乃悉持龙髯，龙髯拔，堕黄帝之弓。百姓仰望黄帝既上天，乃抱其弓与龙胡髯号。故后世因名其处曰鼎湖，其弓曰乌号。"于是天子曰："嗟乎！吾诚得如黄帝，吾视去妻子如脱躧耳。"乃拜卿为郎，东使候神于太室。	第 594 页
5	卷二十三《礼书》 　　古者之兵，戈矛弓矢而已，然而敌国不待试而诎。	第 1382 页
6	卷二十七《天官书》 　　其西北则胡、貉、月氏诸衣旃裘引弓之民，为阴；阴则月、太白、辰星；占于街北，昴主之。	第 1604 页

（续表）

序号	出处	修订本页码
7	卷二十八《封禅书》 　　合兹中山，有黄白云降盖，若兽为符，路弓乘矢，集获坛下，报祠大享。	第 1673 页
	《封禅书》 　　余小臣不得上，乃悉持龙髯，龙髯拔，堕，堕黄帝之弓。百姓仰望黄帝既上天，乃抱其弓与胡髯号，故后世因名其处曰鼎湖，其弓曰乌号。	第 1674 页
8	卷三十二《齐太公世家》 　　周襄王使宰孔赐桓公文武胙、彤弓矢、大路，命无拜。	第 1804 页
9	卷三十九《晋世家》 　　天子使王子虎命晋侯为伯，赐大辂，彤弓矢百，玈弓矢千，秬鬯一卣，珪瓒，虎贲三百人。	第 2011 页

（续表）

序号	出处	修订本页码
10	**卷四十《楚世家》** 　　伍胥弯弓属矢，出见使者，曰："父有罪，何以召其子为？"	第 2066 页
	《楚世家》 　　十八年，楚人有好以弱弓微缴加归雁之上者，顷襄王闻，召而问之。	第 2083 页
	《楚世家》 　　王何不以圣人为弓，以勇士为缴，时张而射之？	第 2084 页
	《楚世家》 　　王朝张弓而射魏之大梁之南，加其右臂而径属之于韩，则中国之路绝而上蔡之郡坏矣。	第 2084 页
	《楚世家》 　　若王之于弋诚好而不厌，则出宝弓，碆新缴，射噣鸟于东海，还盖长城以为防，朝射东莒，夕发浿丘，夜加即墨，顾据午道，则长城之东收而太山之北举矣。	第 2084 页
	《楚世家》 　　王出宝弓，碆新缴，涉�塞，而待秦之倦也，山东、河内可得而一也。	第 2084 页

（续表）

序号	出处	修订本页码
11	卷四十一《越王勾践世家》 范蠡遂去，自齐遗大夫种书曰："蜚鸟尽，良弓藏；狡兔死，走狗烹。越王为人长颈鸟喙，可与共患难，不可与共乐。子何不去？"	第 2107 页
12	卷四十六《田敬仲完世家》 淳于髡曰："弓胶昔干，所以为合也，然而不能傅合疏罅。"	第 2291 页
13	卷四十八《陈涉世家》 乃使蒙恬北筑长城而守藩篱，却匈奴七百余里，胡人不敢南下而牧马，士亦不敢贯弓而报怨。	第 2381 页
14	卷五十七《绛侯周勃世家》 已而之细柳军，军士吏被甲，锐兵刃，彀弓弩，持满。	第 2519 页
15	卷五十八《梁孝王世家》 梁多作兵器弩弓矛数十万，而府库金钱且百巨万，珠玉宝器多于京师。	第 2533 页
16	卷六十六《伍子胥列传》 伍胥贯弓执矢向使者，使者不敢进，伍胥遂亡。	第 2643 页

（续表）

序号	出处	修订本页码
17	卷六十九《苏秦列传》 　　于是说韩宣王曰："韩北有巩洛、成皋之固，西有宜阳、商阪之塞，东有宛、穰、洧水，南有陉山，地方九百余里，带甲数十万，天下之强弓劲弩皆从韩出。"	第 2734 页
18	卷九十二《淮阴侯列传》 　　信曰："果若人言，'狡兔死，良狗亨；高鸟尽，良弓藏；敌国破，谋臣亡'。天下已定，我固当亨！"	第 3184 页
19	卷一百九《李将军列传》 　　行十余里，广详死，睨其旁有一胡儿骑善马，广暂腾而上胡儿马，因推堕儿，取其弓，鞭马南驰数十里，复得其余军，因引而入塞。	第 3471 页
	《李将军列传》 　　匈奴捕者骑数百追之，广行取胡儿弓，射杀追骑，以故得脱。	第 3471 页

（续表）

序号	出处	修订本页码
20	卷一百十《匈奴列传》 　　儿能骑羊，引弓射鸟鼠；少长则射狐兔：用为食。	第 3483 页
	《匈奴列传》 　　士力能毌弓，尽为甲骑。	第 3483 页
	《匈奴列传》 　　其长兵则弓矢，短兵则刀铤。	第 3483 页
	《匈奴列传》 　　定楼兰、乌孙、呼揭及其旁二十六国，皆以为匈奴。诸引弓之民，并为一家。	第 3501 页
	《匈奴列传》 　　先帝制：长城以北引弓之国，受命单于；长城以内冠带之室，朕亦制之。	第 3508 页

（续表）

序号	出处	修订本页码
21	卷一百一十七《司马相如列传》 　　于是乃使专诸之伦，手格此兽。楚王乃驾驯驳之驷，乘雕玉之舆，靡鱼须之桡旃，曳明月之珠旗，建干将之雄戟，左乌嗥之雕弓，右夏服之劲箭；阳子骖乘，纤阿为御；案节未舒，即陵狡兽，轔邛邛，蹴距虚，轶野马而辚騊駼，乘遗风而射游骐；儵眒凄浰，雷动熛至，星流霆击，弓不虚发，中必决眦，洞胸达腋，绝乎心系，获若雨兽，揜草蔽地。	第 3648 页
	《司马相如列传》 　　箭不苟害，解脰陷脑；弓不虚发，应声而倒。	第 3678 页
	《司马相如列传》 　　夫边郡之士，闻烽举燧燔，皆摄弓而驰，荷兵而走，流汗相属，唯恐居后，触白刃，冒流矢，义不反顾，计不旋踵，人怀怒心，如报私仇。	第 3690 页

（续表）

序号	出处	修订本页码
22	卷一百二十三《大宛列传》 其兵弓矛骑射。	第 3836 页
23	卷一百二十八《龟策列传》 　　晋文将定襄王之位，卜得黄帝之兆，卒受彤弓之命。	第 3918—3919 页

由上表可知，《史记》对弓作为兵器的书写，共出现在 23 篇（卷）文献之中，凡 47 次。

通过上述 23 篇（卷）文献对弓的书写，大体上可以做出如下分析：第一，弓作为人类古已有之的兵器，自商周以来，就具有象征天下最高征伐权的意义，比如在《殷本纪》《周本纪》《齐太公世家》《晋世家》《龟策列传》的相关记载之中；第二，弓作为冷兵器时代的常规抛射武器，出现在《史记》中书写的绝大部分战争场景中，比如在《周本纪》《秦始皇本纪》《孝武本纪》《礼书》《封禅书》《楚世家》《越王勾践世家》《田敬仲完世家》《陈涉世家》《绛侯周勃世家》《梁孝王世家》《伍子胥列传》《苏秦列传》《淮阴侯列传》《匈奴列传》《司马相如列传》《大宛列传》的相关记载之中；

第三，弓在战斗场景中的书写，主要体现在《李将军列传》的相关记载中；第四，弓是历代草原民族最重要的文化名片之一，这在《匈奴列传》中表现尤为显著。

具体而言，弓与斧钺一样，在上古三代，是征伐天下的最高权力的象征，通常只有天子或天子指定的诸侯才能拥有这样的权力。《殷本纪》《周本纪》《齐太公世家》《晋世家》《龟策列传》中都有这样的记载：

《殷本纪》

西伯出而献洛西之地，以请除炮格之刑。纣乃许之，赐弓矢斧钺，使得征伐，为西伯。

《周本纪》

纣大悦，曰："此一物足以释西伯，况其多乎！"乃赦西伯，赐之弓矢斧钺，使西伯得征伐。

《齐太公世家》

周襄王使宰孔赐桓公文武胙、彤弓矢、大路，命无拜。

《晋世家》

　　天子使王子虎命晋侯为伯，赐大辂，彤<u>弓矢</u>百，玈<u>弓矢</u>千，秬鬯一卣，珪瓒，虎贲三百人。

《龟策列传》

　　晋文将定襄王之位，卜得黄帝之兆，卒受彤<u>弓</u>之命。

　　通过上文，可以看出弓（矢）作为上古天下最高征伐权的象征物，共出现在《史记》的5篇（卷）文献之中，凡6次。进一步探讨，能够看出上述所引五篇（卷）文献，可归结为三事。其一为《殷本纪》与《周本纪》所指商周革命之际，周文王继承后稷、公刘开创的周族事业，效法古公、公季之治国法则，敬老慈少，礼贤下士，为了接待名士而无暇进食，因此天下名士归顺了西周，西周的势力进一步增强。由于崇侯虎的谮言，文王被纣王囚禁于羑里，后经西周大臣闳夭向纣王进献美女财物，才被赎回。赎回之际，殷商赐给文王弓矢斧钺，使他成为西方各诸侯的方伯，并对西方各诸侯拥有征伐的权力。其二乃《齐太公世家》所述齐桓公在管仲辅佐之下霸业初成之际，大会诸侯于葵丘，周天子赐予桓公祭祀周文王、周武王的祭肉、红色的弓矢和只有天子才可以乘坐的大路车。其三是《晋世家》与《龟策列传》所述春秋初期，继齐桓首霸之后晋文之事。晋文公回国继承君位之后，开始着手经营霸业，于文公五年（前632）城濮一役中大败楚军，遂成霸业。霸业初成之际，周天子任命文公为诸侯之长，并赐予晋文公大车一乘、红色弓矢百张、黑色弓矢千张、美酒一卣、玉质印信，以及勇士三百人。

上述五篇（卷）文献，实则书写三桩史事，这是纪传体史书常用的一事散见于数篇（卷）的互文体例。商末西周时期，天子任命地方一些势力强大的诸侯为方伯，并赐予弓矢使其享有对所在地方其他诸侯的征伐权。《礼记·王制》中说：

> 天子百里之内以共官，千里之内以为御。千里之外设方伯。五国以为属，属有长；十国以为连，连有帅；三十国以为卒，卒有正；二百一十国以为州，州有伯。八州八伯，五十六正，百六十八帅，三百三十六长。八伯各以其属属于天子之老二人，分天下以为左右，曰二伯。[1]
>
> 制：三公一命卷，若有加，则赐也，不过九命；次国之君不过七命，小国之君不过五命。大国之卿不过三

---

[1] 〔汉〕郑玄注，〔唐〕孔颖达正义，吕友仁整理：《礼记正义》，上海古籍出版社2008年版，第467~468页。

命，下卿再命，小国之卿与下大夫一命。①

诸侯赐弓矢，然后征；赐铁钺，然后杀。（孔颖达疏：赐弓矢者，谓八命作牧者。若不作牧，则不得赐弓矢。故《宗伯》云："八命作牧"，注云："谓诸伯有功德者，加命得专征伐。"此谓征伐当州之内。若九命为二伯，则得专征一方五侯九伯也。若七命以下，不得弓矢赐者，《尚书大传》云："以兵属于得专征伐"者。此弓矢，则《尚书》"彤弓一，彤矢百，卢弓十，卢矢千"……赐铁钺者，谓上公九命，得赐铁钺，然后邻国臣弑君子弑父者，得专讨之。）②

当然，《礼记》成书非一人一时，上述关于方伯的叙述，整齐有序，恐怕也多为战国以来儒生的理想之言。不过根据《史记》《左传》《国语》及金文文献来看，方伯制度在西周确有其事。"西周王朝针对殷商旧族、蛮夷异族势力强劲地区设立方伯，由力量强大的地方诸侯，主要是姬姓王亲和异姓姻亲诸侯出任，其权力主要体现在奉王命讨伐反叛的诸侯及敌对戎狄方面。"③

①　〔汉〕郑玄注，〔唐〕孔颖达正义，吕友仁整理：《礼记正义》，上海古籍出版社 2008 年版，第 478~485 页。
②　〔汉〕郑玄注，〔唐〕孔颖达正义，吕友仁整理：《礼记正义》，上海古籍出版社 2008 年版，第 500~501 页。
③　邵蓓：《西周伯制考索》，载《中国史研究》2008 年第 2 期。

根据前文所引《礼记》孔疏，可知弓矢与斧钺在商周时期，除了实用功效，还是天子及方伯讨伐不臣之徒的权力的象征。这一点从《史记》对斧（铁）钺的相关书写中，也可以得到印证：

《史记》中的斧（铁）钺

序号	出处	修订本页码
1	卷三《殷本纪》 　　西伯出而献洛西之地，以请除炮格之刑。纣乃许之，赐弓矢斧钺，使得征伐，为西伯。	第 137 页
2	卷四《周本纪》 　　纣大说，曰："此一物足以释西伯，况其多乎！"乃赦西伯，赐之弓矢斧钺，使西伯得征伐。	第 151—152 页
3	卷二十四《乐书》 　　夫乐者，先王之所以饰喜也；军旅铁钺者，先王之所以饰怒也。故先王之喜怒皆得其齐矣。喜则天下和之，怒则暴乱者畏之。先王之道，礼乐可谓盛矣。	第 1450 页
4	卷六十五《孙子吴起列传》 　　孙子曰："前，则视心；左，视左手；右，视右手；后，即视背。"妇人曰："诺。"约束既布，乃设铁钺，即三令五申之。于是鼓之右，妇人大笑。	第 2631 页

（续表）

序号	出处	修订本页码
5	**卷七十九《范雎蔡泽列传》** 　　今臣之胸不足以当椹质，而要不足以待<u>斧钺</u>，岂敢以疑事尝试于王哉！虽以臣为贱人而轻辱，独不重任臣者之无反复于王邪？	第 2919 页
6	**卷八十七《李斯列传》** 　　二世燕居，乃召高与谋事，谓曰："夫人生居世间也，譬犹骋六骥过决隙也。吾既已临天下矣，欲悉耳目之所好，穷心志之所乐，以安宗庙而乐万姓，长有天下，终吾年寿，其道可乎？"高曰："此贤主之所能行也，而昏乱主之所禁也。臣请言之，不敢避<u>斧钺</u>之诛，愿陛下少留意焉。"	第 3097 页

　　根据上表，我们可知：斧钺与弓矢一样，在商周是天子赐予方伯的最高武力征伐权的象征物，如《殷本纪》与《周本纪》记载纣王赏赐西周文王。后来斧钺成为天子生杀予夺权力的代称，比如《乐书》《孙子吴起列传》《范雎蔡泽列传》《李斯列传》中的记载。

斧类器物拥有悠久的历史，早在旧石器时代，人类就已经学会打磨并且使用石斧。"史前工具中，石斧可以算是万能的工具，它是史前人们最早认识到用小力发大力的尖劈功能，在简单机械方面的发明，采伐林木、原始耕作乃至狩猎活动，都离不开这种带有锋刃的工具，因此在有关史前聚落遗址和墓葬发掘中，获得的数量最多的石质工具就是石斧。"① 最初的石斧是作为生活与生产的工具，后来逐步进入了军事战斗领域。可能由于在战场上展示出威力巨大的劈砍能力，斧钺在与同属格斗类的兵器如矛（戈、戟、殳）的竞争中脱颖而出，成为领袖权力的象征。

笔者认为，斧（铁）钺与弓矢在先秦时期成为王权杀伐征战的象征，当有如下原因：

一、斧（铁）钺与诸如矛（戈、戟、殳）等其他格斗类兵器相比，耗材（青铜）更甚，锻造成形之后，面貌在众多兵器中最为威严雄伟，尽显王者风范。比如已出土的殷商时期的直銎式青铜斧与管銎式青铜斧，如下图所示：

---

① 杨泓、于炳文：《中国古代物质文化史·兵器》，开明出版社 2020 年版，第22 页。

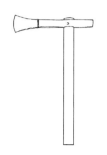 

图 2-1① 　直蛩式青铜斧　　　图 2-2② 　管蛩式青铜斧

图 2-2 中斧（铁）钺表面呈猛兽獠牙状，握柄顶部呈人首状，象征王权驾驭武士，权威广泽四海八荒，这一造型的确是其象征意义的最鲜明体现。同样，河南安阳殷墟妇好墓出土的青铜大钺亦是最好的说明。

图 2-3③ 　殷墟妇好墓出土商代青铜大钺

①　成东、钟少异：《中国古代兵器图集》，解放军出版社 1990 年版，第 30 页。
②　成东、钟少异：《中国古代兵器图集》，解放军出版社 1990 年版，第 30 页。
③　成东、钟少异：《中国古代兵器图集》，解放军出版社 1990 年版，彩插 2。

"商代后期，铜钺的数量大增，开始出现大型钺……体态厚重，可谓商代铜兵之首。许多铜钺上有人面纹饰或兽面纹饰，形象狰狞，给人一种威慑之感，是权力的象征。"①

二、由于斧钺体积较大，使用者在单位时间内劈砍频率相对较低，因此，在战术上，尤其是在大军团野战中，斧（铁）钺的实际功效不及矛（戈、戟、殳）等格斗兵器。但作为劈斩的利器，手起斧落，场面血腥，往往令敌人不寒而栗，尤其可以起到杀一儆百的效果，这也是斧钺后来逐渐成为刑具的主要原因。比如，汤武革命之际，汤武二圣君均持钺以率三军。《殷本纪》："汤乃兴师率诸侯，伊尹从汤，汤自把钺以伐昆吾，遂伐桀。"《周本纪》："武王左杖黄钺，右秉白旄，以麾。"再如，周革殷命之后，纣王及其嬖女自戕。武王进入殷都之后，以钺斩纣及嬖女之首，并连发数箭，彰显了西周政权的威严，震慑了殷地遗民。《周本纪》："武王自射之，三发而后下车，以轻剑击之，以黄钺斩纣头，悬大白之旗。已而至纣之嬖妾二女，二女皆经自杀。武王又射三发，击以剑，斩以玄钺，悬其头小白之旗。……武王弟叔振铎奉陈常车，周公旦把大钺，毕公把小钺，以夹武王。散宜生、太颠、闳夭皆执剑以卫武王。"

---

① 成东、钟少异：《中国古代兵器图集》，解放军出版社1990年版，第29页。

三、弓矢也具备这种威慑力，这是其能够与斧（铁）钺并成为征伐天下之权力象征物的重要原因。众所周知，冷兵器时代众多格斗兵器需要短兵相接方能厮杀，而在短兵相接的过程中，参战人数的多寡、单兵身材的大小、膂力的强弱直接决定了胜败与生死。而弓矢的发明，则对单兵作战中这种"身大力不亏""一力降十会"的现象做出了彻底的变革，弓矢的发明无疑是冷兵器时代具有划时代意义的一场革命。恩格斯指出："弓箭对于蒙昧时代，正如铁剑对于野蛮时代和火器对于文明时代一样，乃是决定性的武器。"① 由于弓矢具备远距离抛射打击对手的功效，从而在某种程度上使得交战双方处于一种相对公平的态势，因此人数的多寡、身材的大小、膂力的强弱不再是战争胜负的决定性因素。反之，射术的高超、地形的变化、战术的多变，以及兵力的调度、投送、转移等因素成为制胜的法宝。《汉志·兵书略》"兵形势"："形势者，雷动风举，后发而先至，离合背乡，变化无常，以轻疾制敌者也。"② 由于上述原因，先秦时期，斧（铁）钺和弓矢成为天子与方伯至高征伐权力的象征。

此外，弓矢是古代社会最为普遍的常规抛射兵器，这也

---

① 〔德〕恩格斯：《家庭、私有制和国家的起源》，见《马克思恩格斯选集》第四卷，人民出版社 1972 年版，第 19 页。
② 〔汉〕班固：《汉书》，中华书局 1962 年版，第 1759 页。

是《史记》对弓矢的书写中最为常见的场景。

《周本纪》：

> 是故周文公之颂曰："载戢干戈，载櫜弓矢，我求懿
> 德，肆于时夏，允王保之。"先王之于民也，茂正其德而
> 厚其性，阜其财求而利其器用，明利害之乡，以文修之，
> 使之务利而辟害，怀德而畏威，故能保世以滋大。

> 楚有养由基者，善射者也。去柳叶百步而射之，百
> 发而百中之。左右观者数千人，皆曰善射。有一夫立其
> 旁，曰"善，可教射矣"。养由基怒，释弓搤剑，曰
> "客安能教我射乎"？客曰"非吾能教子支左诎右也。夫
> 去柳叶百步而射之，百发而百中之，不以善息，少焉气
> 衰力倦，弓拨矢钩，一发不中者，百发尽息"。

《秦始皇本纪》：

> 然陈涉以戍卒散乱之众数百，奋臂大呼，不用弓戟
> 之兵，锄櫌白梃，望屋而食，横行天下。

> 乃使蒙恬北筑长城而守藩篱，却匈奴七百余里，胡
> 人不敢南下而牧马，士不敢弯弓而报怨。

《孝武本纪》：

今鼎至甘泉，光润龙变，承休无疆。合兹中山，有黄白云降盖，若兽为符，路弓乘矢，集获坛下，报祠大飨。

"余小臣不得上，乃悉持龙髯，龙髯拔，堕黄帝之弓。百姓仰望黄帝既上天，乃抱其弓与龙胡髯号。故后世因名其处曰鼎湖，其弓曰乌号。"于是天子曰："嗟乎！吾诚得如黄帝，吾视去妻子如脱躧耳。"乃拜卿为郎，东使候神于太室。

《礼书》：

古者之兵，戈矛弓矢而已，然而敌国不待试而诎。

《封禅书》：

合兹中山，有黄白云降盖，若兽为符，路弓乘矢，集获坛下，报祠大享。

余小臣不得上，乃悉持龙髯，龙髯拔，堕，堕黄帝之弓。百姓仰望黄帝既上天，乃抱其弓与胡髯号，故后世因名其处曰鼎湖，其弓曰乌号。

《楚世家》：

伍胥弯弓属矢，出见使者，曰："父有罪，何以召其子为？"

十八年，楚人有好以弱弓微缴加归雁之上者，顷襄王闻，召而问之。

王何不以圣人为弓，以勇士为缴，时张而射之？

王朝张弓而射魏之大梁之南，加其右臂而径属之于韩，则中国之路绝而上蔡之郡坏矣。

若王之于弋诚好而不厌，则出宝弓，碆新缴，射喝鸟于东海，还盖长城以为防，朝射东莒，夕发浿丘，夜加即墨，顾据午道，则长城之东收而太山之北举矣。

王出宝弓，碆新缴，涉鄟塞，而待秦之倦也，山东、河内可得而一也。

《越王勾践世家》：

范蠡遂去，自齐遗大夫种书曰："蜚鸟尽，良弓藏；狡兔死，走狗烹。"

《田敬仲完世家》：

> 淳于髡曰："弓胶昔干，所以为合也，然而不能傅合疏罅。"

《陈涉世家》：

> 乃使蒙恬北筑长城而守藩篱，却匈奴七百余里，胡人不敢南下而牧马，士亦不敢贯弓而报怨。

《绛侯周勃世家》：

> 已而之细柳军，军士吏被甲，锐兵刃，彀弓弩，持满。

《梁孝王世家》：

> 梁多作兵器弩弓矛数十万，而府库金钱且百巨万，珠玉宝器多于京师。

《伍子胥列传》：

伍胥贯弓执矢向使者，使者不敢进，伍胥遂亡。

《苏秦列传》：

于是说韩宣王曰："韩北有巩、成皋之固，西有宜阳、商阪之塞，东有宛、穰、洧水，南有陉山，地方九百余里，带甲数十万，天下之强弓劲弩皆从韩出。"

《淮阴侯列传》：

信曰："果若人言，'狡兔死，良狗亨；高鸟尽，良弓藏；敌国破，谋臣亡。'"

《匈奴列传》：

其长兵则弓矢，短兵则刀铤。

《大宛列传》：

其兵弓矛骑射。

　　凡16篇（卷）文献，29次。其中，《孝武本纪》与《封禅书》《楚世家》中伍子胥事，《秦始皇本纪》与《陈涉世家》中蒙恬事，乃同文异传。

　　事实上，弓矢的起源历史悠久，但具体发明于何时已无从考证。1963年，在山西朔县峙峪村附近，发现了旧石器时代晚期遗址，获得一枚石镞，应为现在所知我国最早的石镞之一。经放射性碳素测定，峙峪遗址的年代为距今28945±1370年。[①]箭镞的发现，证明必有弓臂的存在。换言之，弓矢早在三万年前左右就已经出现。正如前文所引恩格斯在《家庭、私有制和国家的起源》中所言，弓箭的发明确实对人类的狩猎与战争产生了革命性的变革。弹性十足的弓臂和韧性优越的弓弦在一张一弛之间，电光石火，释放出摧枯拉朽般的爆发力，从而推送出羽箭或弹丸，给予远距离的猎物或敌人以毁灭性的打击。这种抛射兵器的发明，彻底改变了人类战争的战术和艺术，从根本上克服了格斗类兵器的短板，使得军事战争中胜利的天平由士卒膂力的强弱逐渐向智慧的提高倾斜。

　　最早的弓箭制作非常简便易行，由单根竹木弯曲后绑弦即成，这就是单体弓。《周易·系辞下》："包牺氏没，神农

――――――――――

　　① 杨泓、李力：《中国古兵二十讲》，生活·读书·新知三联书店2013年版，第4~5页。

氏作。……弦木为弧，剡木为矢。弧矢之利，以威天下。"反
映出儒家学者对早期单体弓的认识。直至中华人民共和国成
立前，我国的部分少数民族，如赫哲族、门巴族还使用着原
始的单体弓。① 随着单体弓的进一步发展，人们开始尝试将两
层材料粘合起来制作弓臂，即复合弓。复合弓抛射出的箭矢
具有更强的穿透力与更加稳定的飞行轨迹。根据《周礼·考
工记》可知，至迟到战国时期，我国的复合弓制作工艺已经
相当成熟。《考工记·弓人》记载：

> 弓人为弓。取六材必以其时，六材既聚，巧者和之。
> 干也者，以为远也；角也者，以为疾也；筋也者，以为
> 深也；胶也者，以为和也；丝也者，以为固也；漆也者，
> 以为受霜露也。②

这里说明了制作弓需要六种材料，即干、角、劲、胶、
丝、漆。闻人军先生译为"弓干，用以使箭射得远；角，用
以使箭行进快速；筋，用以使箭射得深；胶，用来作黏合剂；
丝，用来缠固弓身；漆，用来抵御霜露"③。此外还指出了六

---

① 杨泓：《中国古兵器论丛》（增订本），文物出版社1985年版，第197页。
② 闻人军：《考工记译注》，上海古籍出版社2008年版，第134页。
③ 闻人军：《考工记译注》，上海古籍出版社2008年版，第138页。

种材料的选取：

> 凡取干之道七：柘为上，檍次之，檿桑次之，橘次之，木瓜次之，荆次之，竹为下。……凡相角，秋杀者厚，春杀者薄。稚牛之角直而泽，老牛之角紾而昔，疢疾险中，瘠牛之角无泽。……凡相胶，欲朱色而昔。昔也者，深瑕而泽，紾而抟廉。鹿胶青白，马胶赤白，牛胶火赤，鼠胶黑，鱼胶饵，犀胶黄。凡昵之类不能方。凡相筋，欲小简而长，大结而泽。小简而长，大结而泽，则其为兽必剽，以为弓，则岂异于其兽。筋欲敝之敝，漆欲测，丝欲沉。得此六材之全，然后可以为良。①

由此观之，制作一口良弓绝非易事，需要花费数年之力。如此长的周期，怎样保证前线将士的军需呢？杨泓、李力二位先生认为主要是成批制作，各项工作流水作业，交错进行，所以每年都会有成批的弓箭，源源不断供应军队。②

汉代已降，复合弓的制作工艺基本延续下来，直至清末，并未发生根本性的变革。

---

① 闻人军：《考工记译注》，上海古籍出版社 2008 年版，第 134 页。
② 杨泓、李力：《中国古兵二十讲》，生活·读书·新知三联书店 2013 年版，第 94 页。

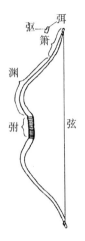

图 2-4①　弓各部位名称

　　需要注意的是,《史记》这 16 篇（卷）文献中，关于楚国弓箭文化的记载特别值得一提。《周本纪》中有对楚国"百发百中""释弓揿剑"的神箭手养由基的书写。关于养由基高超的射艺,《左传》亦有相关记载：

　　　　潘尫之党与养由基蹲甲而射之，彻七札焉。以示王，曰："君有二臣如此，何忧于战？"王怒曰："大辱国！诘朝尔射，死艺。"吕锜梦射月，中之……及战，射共王中目。王召养由基，与之两矢，使射吕锜，中项，伏弢。

以一矢复命。①

无独有偶，不止养由基，楚人当为十分善射的民族，不同于游牧民族的弓马控弦，楚人更擅长步卒弋射。《楚世家》中关于弓的六次书写是极好的体现。这六次书写，实则为一篇楚王与楚人的完整对话，以下全文引录：

十八年，楚人有好以弱弓微缴加归雁之上者，顷襄王闻，召而问之。对曰："小臣之好射鶀雁，罗鸗，小矢之发也，何足为大王道也。且称楚之大，因大王之贤，所弋非直此也。昔者三王以弋道德，五霸以弋战国。故秦、魏、燕、赵者，鶀雁也；齐、鲁、韩、卫者，青首也；驺、费、郯、邳者，罗鸗也。外其余则不足射者。见鸟六双，以王何取？王何不以圣人为弓，以勇士为缴，时张而射之？此六双者，可得而囊载也。其乐非特朝昔之乐也，其获非特凫雁之实也。王朝张弓而射魏之大梁之南，加其右臂而径属之于韩，则中国之路绝而上蔡之郡坏矣。还射圉之东，解魏左肘而外击定陶，则魏之东外弃而大宋、方与二郡者举矣。且魏断二臂，颠越矣；

① 杨伯峻：《春秋左传注》，中华书局1981年版，第886~887页。

膺击郯国，大梁可得而有也。王绮缴兰台，饮马西河，
定魏大梁，此一发之乐也。若王之于弋诚好而不厌，则
出宝弓，碆新缴，射噣鸟于东海，还盖长城以为防，朝
射东莒，夕发浿丘，夜加即墨，顾据午道，则长城之东
收而太山之北举矣。西结境于赵而北达于燕，三国布翅，
则从不待约而可成也。北游目于燕之辽东而南登望于越
之会稽，此再发之乐也。若夫泗上十二诸侯，左萦而右
拂之，可一旦而尽也。今秦破韩以为长忧，得列城而不
敢守也；伐魏而无功，击赵而顾病，则秦魏之勇力屈矣，
楚之故地汉中、析、郦可得而复有也。王出宝弓，碆新
缴，涉鄳塞，而待秦之倦也，山东、河内可得而一也。
劳民休众，南面称王矣。故曰秦为大鸟，负海内而处，
东面而立，左臂据赵之西南，右臂傅楚鄢郢，膺击韩魏，
垂头中国，处既形便，势有地利，奋翼鼓翅，方三千里，
则秦未可得独招而夜射也。"

《楚世家》中的这篇对话，是楚地擅弋射者以非常形象
的比喻方式激将顷襄王，欲使其北向争霸，剑指中原，恢复
霸业。是时，楚国经灵王、平王、怀王时期政治、军事上的
一系列败绩，国力已一蹶不振。"弋射者"以楚国"圣人"
喻"弓"，以楚地"勇士"喻"缴"，以秦、魏、燕、赵、

齐、鲁、韩、卫、驺、费、郯、邳喻飞鸟（弋射的猎物），幻想楚军如同一支张弓而发的利箭，向北而射，饮马西河，进逼大梁，削平群雄，独霸中原。

《楚世家》中的书写虽为比喻想象之辞，却反映出楚人的善射，以及楚军曾经的犀利与辉煌。的确，楚国八百年的发展史就如同一支利箭一般飞翔在江淮湖广大地上，为华夏民族与南方各民族的统一融合奠定了坚实的基础，为秦的统一铺下了雄厚的基石。范文澜先生说："楚自西周以来，吞并小国最多。战国时期，楚农业落后，兵力不强，但常开拓国土。……在广大国境内，有苗族华族和许多其他小族，居民相互间交流文化，产生以巫文化融合华夏文化为基本的楚文化。各族也就在同一文化中大体融合了。楚国八百余年扩张经营，为秦汉创立伟大封建帝国准备了重要条件，七国中秦楚应是对历史贡献最大的两个国家"，"原来局限在黄河流域的华夏文化，通过楚国伸展到吴、越两蛮族国。长江流域的初步开发，楚国曾起着巨大的作用"。[1] 黄德馨先生说："西周时期周天子封建诸侯，邦国林立，周王朝只是一个松散的政治统一体，发展到秦王朝封建专制主义的中央集权制统一国家的建立，必然经过一个漫长的分区域实现统一的过程。

---

① 范文澜、蔡美彪等：《中国通史》第一册，人民出版社1994年版，第197~198、117页。

在这个过程中，楚国统一了江汉流域、江淮流域、江浙流域、沅湘流域等祖国南方的广大地区，与齐、燕、晋等诸侯国各自实现的区域统一一样，为秦王朝统一全国准备了条件。……在与南方各兄弟民族长期的共同生活中，楚族与许多兄弟民族相融合而发展壮大起来；同时也促进了楚族与其他兄弟民族之间以及兄弟民族与兄弟民族之间的了解和交往，大大加快了南方各民族大融合的步伐。"①

弓在战斗场景中的书写，集中表现在《李将军列传》中：

> 行十余里，广详死，睨其旁有一胡儿骑善马，广暂腾而上胡儿马，因推堕儿，取其弓，鞭马南驰数十里，复得其余军，因引而入塞。
>
> 匈奴捕者骑数百追之，广行取胡儿弓，射杀追骑，以故得脱。

李广将军是西汉名将，出生于陇右将门世家，他的先祖可以追溯到战国末年跨地千里，追剿燕太子丹的秦名将李信。根据《李将军列传》的记载，可知李广"世世受射"，弓马

---

① 黄德馨：《楚国史话》，华中工学院出版社 1983 年版，前言 II。

娴熟，数十年的戎马生涯淬炼了他临危不惧、胆略过人的性格。李广治军有方，体恤士卒，深受士兵爱戴。虽屡立战功，但"官不过九卿"，终生未得封侯。元狩四年（前119），李广跟随大将军卫青与匈奴主力会战，受同僚排挤，导致所辖部队迷路，未能与汉军主力按时会师，遂羞愤难平，挥泪自刎。由是太史公司马迁寄予了深切的同情之意，字里行间流露出无限悲凉之感，使得《李将军列传》成为脍炙人口的千古名篇。所以司马迁给这篇（卷）文献作目录提要写道："勇于当敌，仁爱士卒，号令不烦，师徒向之。作《李将军列传》第四十九。"

特别值得一提的是，李广弓马娴熟，射艺高超，司马迁给予了更多的描述，在《史记》所述人物当中，若论及弓矢射艺，无出其右者。后世学者亦多有论赞，清代学者牛运震言：

　　传目不曰"李广"，而曰"李将军"，以广为汉名将，匈奴号之曰"汉之飞将军"，所谓不愧将军之名者也。只一标题，有无限景仰爱重。

　　一篇精神，在射法一事，以广所长在射也。开端"广家世世受射"便挈一传之纲领，以后叙射匈奴射雕〔者〕、射白马将、射追骑、射猎南山中、射石、射虎、射阔狭以饮、射猛兽、射神将，皆叙广善射之事实。"广为人长，猿臂，其善射亦天性也"云云，又"其射，见敌急，非在数十步之内，度不中不发"云云，正写广善射之神骨，末附李陵善射、教射，正与篇首"世世受射"句收应，此以广射法为线索贯串者也。①

晚近学者李景星言：

> 至叙其射法，曰"广家世世受射"，曰"射匈奴"，曰"射雕"，曰"射白马将"，曰"射追骑"，曰"射石"，曰"射虎"，曰"射阔狭以饮"，曰"射猛兽"，曰"射神将"，曰"善射亦天性也"，曰"其射见敌急，非在数十步之内，度不中不发"，末又附李陵之善射、教射，与篇首"世世受射"句相应。或正或侧，或虚或实，直无一笔犯复。盖太史公负一世奇气，郁一腔奇冤，是以借此奇事而发为奇文。②

---

① 〔清〕牛运震撰，魏耕原、张亚玲整理点校：《史记评注》，三秦出版社2011年版，第275页。

② 李景星著，韩兆琦、俞樟华校点：《四史评议》，岳麓书社1986年版，第100页。

　　笔者认为，自汉兴以来边境屡受匈奴袭扰，至武帝时期大规模反击匈奴，长期与草原"引弓控弦"民族的交锋客观上促进了西汉军队对骑兵尤其射术训练的加强，并使之理论化、系统化。在众多兵器当中，西汉的军事家似乎更加重视弓矢，并将其书于竹帛。《汉志·兵书略·兵技巧》是最好的反映，著录《逢门射法》二篇、《阴通成射法》十一篇、《魏氏射法》六篇、《护军射师王贺射书》五篇、《蒲苴子弋法》四篇，当然其中最重要的就是对李广高超射艺的总结，即《李将军射法》三篇，与其他"射法"之书相比，《李将军射法》或许是最为实用的军用射箭教材，直至南宋时期的《郡斋读书志》《直斋书录解题》仍有著录。

　　《李将军列传》以"射"贯穿全文，以"射"起，以"射"终，太史公对李广射艺的实录真实再现了令匈奴闻风丧胆的"飞将军"，使人物形象跃然纸上，性格特征一目了然。李广一生戎马倥偬，从戎四十余载，"与匈奴大小七十余战"，正如宝刀配英雄，宝马配良将，赫赫武功、赳赳射艺闪光之中，必有良弓相伴。宝弓入李广之手，正所谓人尽其力，物尽其用。《史记》里的弓箭文化生态，在《李将军列传》中得到了最完美的诠释。

　　而弓矢对于生活在长城以北广袤欧亚大陆上的游牧民族而言就如同"耒耜锄耰"对于中原地区的农耕民族一样，是生产与战斗的必需工具，是草原民族最重要的文化名片之一。"游牧民族文化中有着浓重的军事性，其最底层而最深刻的原因似乎在于他们以'逐水草而居'为基本生产形式、以骑射术为基本生产技术的游牧经济生活，这种独特的游牧经济生活孕育了迥异于农耕文化内容的特质和传统。军事性是游牧经济生活的必然产物。游牧经济的单一性促使游牧民族向外发动对农耕民族的掠夺战争，以游牧地为生命基石的游牧经济又引发游牧民族在内部争夺牧场的部族战争，而作为游牧民族最基本生产工具的弓箭又为他们的这些战争提供了武器。这是游牧经济对游牧民族军事性形成的最基本的促成作用。"① 弓矢在游牧经济与战斗中具有特别重要的地位，可谓是其第一生产工具与第一作战兵器，冒顿单于在给汉文帝的信中甚至直接用"诸引弓之民，并为一家"来称呼整个欧亚大陆的游牧民族，名副其实，这在《史记·匈奴列传》中多有体现。

> 儿能骑羊，引弓射鸟鼠；少长则射狐兔：用为食。
> 士力能毌弓，尽为甲骑。
> 其长兵则弓矢，短兵则刀铤。

---

① 锋晖编写：《中华弓箭文化》，新疆人民出版社 2006 年版，第 66 页。

定楼兰、乌孙、呼揭及其旁二十六国，皆以为匈奴。诸引弓之民，并为一家。

先帝制：长城以北，引弓之国，受命单于；长城以内，冠带之室，朕亦制之。

《史记·匈奴列传》是我国最早的系统记载战国中叶至西汉中叶匈奴及其他一些游牧民族的珍贵史料，在一定程度上反映了匈奴的弓箭文化与战术特点。匈奴是活跃在欧亚大陆上的古老游牧民族，战国中期以来逐渐崛起于中国长城以北，公元前一世纪前期，其杰出的领袖冒顿单于率部南征北战，凭借手中的弯弓和数十万"引弓之民"东逐鲜卑、乌桓，南逼秦汉、虎视中原，西克乌孙、月氏、控扼西域。近百年间，一度成为内亚第一军事强国。通过《史记》《汉书》对汉匈战争的相关记载，我们可以对当时农耕军队与游牧军队的弓箭文化有如下认识[1]：

一、早期骑兵的战术以骑射和游击为主。《史记·匈奴列传》说得十分清楚：

---

① 关于这一问题的详细论述，参见李硕著《南北战争三百年：中国4—6世纪的军事与政权》，上海人民出版社2018年版，第21～149页，本文亦引用其观点。

匈奴……居于北蛮，随畜牧而转移。……逐水草迁徙，毋城郭常处耕田之业，然亦各有分地。……儿能骑羊，引弓射鸟鼠；少长则射狐兔：用为食。士力能毌弓，尽为甲骑。其俗，宽则随畜，因射猎禽兽为生业，急则人习战攻以侵伐，其天性也。其长兵则弓矢，短兵则刀铤。利则进，不利则退，不羞遁走。苟利所在，不知礼义。

其攻战，斩首虏赐一卮酒，而所得卤获因以予之，得人以为奴婢。故其战，人人自为趣利，善为诱兵以冒敌。故其见敌则逐利，如鸟之集；其困败，则瓦解云散矣。战而扶舆死者，尽得死者家财。

以上两条史料"表现了狩猎在匈奴人生计上的重要性，以及在其生命历程及生活上的特殊意义"[1]。"过去在许多游牧社会中，掠夺都是一种获得资源的经常性手段。"[2] 因此，游牧骑兵自幼练习引弓射猎，成年以后兵民一家、全民皆兵。整个部落随时移动，没有固定居所。战争完全是为了抢夺财

---

[1] 王明珂：《游牧者的抉择：面对汉帝国的北亚游牧部族》，上海人民出版社2018年版，第174页。

[2] 王明珂：《游牧者的抉择：面对汉帝国的北亚游牧部族》，上海人民出版社2018年版，第176页。

物与人口，以补充非常脆弱的游牧经济①。游牧经济最为脆弱之处在于长城以北漫长的寒冬，美国学者巴菲尔德指出：

> 内陆亚洲游牧民的迁徙周期有四个季节性的组成部分，各有特点。当地的大陆性气候以极端温度为特征，冬季是一年中最严酷的季节。冬季营地的位置对于生存而言至关重要，必须既能避风又有充足的牧场。一旦选定之后，冬季营地就在整个季节中固定下来。中意的地点包括地平的山谷、河水灌溉的平原以及大草原的低洼地区。毡包的保暖毛毡以及平滑圆整的外形为抵御大风甚至相当低的气温提供了足够的防护，冬季牧场的利用能力限制了牧养动物的总数量。无雪的有风地区在可利用时很受欢迎，但是假如地上已被雪覆盖，马匹就会放养，以便扒开冰面找到下面的牧草。这一地区随后也能被那些不能透过雪层吃草的其他动物利用。冬季牧场刚好只够维生，在放养的条件下，牲畜们掉膘很多。……当春草枯萎、水塘干涸之际，人们就开始向夏季牧场转移了。……夏季营地在寒冷气候袭来之时会被遗弃，这

---

① 相较于农业经济，游牧经济则非常脆弱。严寒和风雪是游牧经济的天敌，《史记·匈奴列传》："（元封六年，前105）其冬，匈奴大雨雪，畜多饥寒死。"可与巴菲尔德的论述相互印证。

时候，游牧民族还得返回冬季住处。秋季是绵羊繁育小羊的时节，小羊如果不是这个季节出生，死亡率会很高。那些要储存草料的游牧民这时候可以收割了，但是更常见的策略是不让动物在冬季营地吃草，以保护那些供最艰难时刻之需的附近牧场。在那些游牧民无法将其动物卖给定居市场的地方，这些动物被屠宰并熏制起来，以作为冬季肉食，尤其是当冬季牧场有限时。在一般情况下，游牧民尽可能保全活的牲口，因为在灾难降临时，半数的畜群会冻死、渴死或病死，而在这之后拥有100只牲口的主人会以超过20%的速度繁育幼崽，以尽快恢复元气。秋季在传统上也是游牧民族乐于劫掠中原以及其他定居区域的时期，因为马匹彪悍，畜牧周期工作已经大体完成，而农民已经完成了收割。这些劫掠提供了粮食，帮助游牧民族度过严冬。①

著名历史人类学家王明珂将游牧人群之掠夺分为两类：生计性掠夺和战略性掠夺。"前者是为了直接获得生活物资；这是游牧经济生态的一部分，因而它必须配合游牧的季节活动。生计性掠夺，一般行之于秋季或初冬；此时牧民一年的

---

① ［美］巴菲尔德著，袁剑译：《危险的边疆：游牧帝国与中国》，江苏人民出版社2011年版，第29~31页。

游牧工作大体完成，士强马壮。后者，战略性掠夺，是为了威胁、恐吓定居国家以遂其经济或政治目的攻击行动。"① 通过对中国史书记载的匈奴劫掠之季节性的分析，王明珂将匈奴对中国的劫掠归为"战略性劫掠"。"美国人类学者巴菲尔德曾称匈奴劫掠中国的方法为'外边疆策略'；他说明匈奴如何利用此策略深入侵犯汉地，以此威胁汉帝国朝廷，而获得汉朝廷给予之'岁赐'物资。他认为，这些物资由单于、左右贤王等，从上而下层层赐予、分配至各级部落长，此便是匈奴帝国存在之所赖。"② "对中原的劫掠，为那些就近通过征服或联合而被纳入帝国的部落民众，以及那些需要在政治上获益的人们，提供战利品。"③ 因此，匈奴劫掠中原首先能够回馈帝国政治精英的支持，其次是为了满足普通民众的需求。当然，在此基础上，单于的统治地位也得到巩固。简而言之，"对中原的劫掠是一本万利的事业，它将匈奴统合为一个整体"④。

① 王明珂：《游牧者的抉择：面对汉帝国的北亚游牧部族》，上海人民出版社2018 年版，第 178 页。

② 王明珂：《游牧者的抉择：面对汉帝国的北亚游牧部族》，上海人民出版社2018 年版，第 180 页。

③ ［美］巴菲尔德著，袁剑译：《危险的边疆：游牧帝国与中国》，江苏人民出版社 2011 年版，第 58 页。

④ ［美］巴菲尔德著，袁剑译：《危险的边疆：游牧帝国与中国》，江苏人民出版社 2011 年版，第 58 页。

在具体作战过程中，匈奴的战术十分机动灵活，以诱敌深入、围而歼之为主；战败则作鸟兽散，使敌人根本无从追击。游牧骑兵物质利益最大化的战争目的和"引弓善射"的天赋技能，使得他们在与中原军队交锋时不可能"扬短避长"，进行"擂鼓前行、鸣金而退"的"短兵相接"或阵地冲击。真可谓是《孙子兵法》"兵者，诡道也……利而诱之"① 的真正践行者。

早期中原地区的骑兵也以骑射为主。学者通常将战国后期赵武灵王"胡服骑射"视为中原骑兵的开端，实际的情况当然会更早。明末清初著名学者顾炎武在《日知录》中说：

> 春秋之世，戎翟之杂居于中夏者，大抵皆在山谷之间，兵车之所不至。齐桓、晋文仅攘而却之，不能深入其地者，用车故也。中行穆子之败，翟于大卤得之，毁车崇卒。而智伯欲伐仇，犹遗之大钟以开其道，其不利于车可知矣。势不得不变而为骑，骑射所以便山谷也，胡服所以便骑射也。是以公子成之徒，谏胡服而不谏骑

---

① 刘春生校订：《十一家注孙子集校》，广东人民出版社 2019 年版，第 33、37 页。

射，必有先武灵而用之者矣。①

成书于春秋晚期的《孙子兵法》并未提及骑兵，较为系统地论述骑兵的文献是学界普遍认为成书于战国中后期的《六韬》。大体上中原骑兵是战国以降，中原诸侯学习游牧民族的结果。《六韬·犬韬·战骑》论道：

敌人始至，行陈未定，前后不属，陷其前骑，击其左右，敌人必走。敌人行陈整齐坚固，士卒欲斗，吾骑翼而勿去，或驰而往，或驰而来，其疾如风，其暴如雷，白昼而昏，数更旌旗，变易衣服，其军可克。敌人行陈不固，士卒不斗，薄其前后，猎其左右，翼而击之，敌人必惧。敌人暮欲归舍，三军恐骇，翼其两旁，疾击其后，薄其垒口，无使得入，敌人必败。敌人无险阻保固，深入长驱，绝其粮路，敌人必饥。地平而易，四面见敌，车骑陷之，敌人必乱。敌人奔走，士卒散乱，或翼其两旁，或掩其前后，其将可擒。敌人暮返，其兵甚众，其行陈必乱，

① 〔清〕顾炎武著，陈垣校注：《日知录校注》，安徽大学出版社 2007 年版，第 1654 页。

令我骑十而为队，百而为屯，车五而为聚，十而为群，多设旌旗，杂以强弩，或击其两旁，或绝其前后，敌将可虏。①

上述战术是指对骑兵的使用方法。李硕先生认为这些史料中"对敌人步兵、骑兵都是采用'薄''翼'的战术，即贴近敌军奔驰但不正面冲锋，同时射箭给敌军制造紧张气氛。因为步兵大量装备长柄兵器，如《六韬》所举万人之军中，有三千使用矛盾、戟盾的士兵，会部署在受敌军威胁最直接的方位。无马镫的弓箭骑兵直接冲击这种军阵，无异于自蹈死地"②。

武帝时期大规模的汉匈战争使得骑兵兼具"骑射性"与"冲击性"。如李硕先生所言："战国末到西汉初是中原骑兵发展的第一阶段，在此期间中原骑兵照搬了游牧族的'骑射'战术，同时结合中原以步兵为主力的特点，由骑兵承担侦察、警戒、破袭软目标等辅助性任务，形成步兵为主、骑兵为辅的格局。但在西汉对匈奴的远征中，汉军步兵难以派上用场，只能以骑兵为主力。为对抗骑射技术高超的匈奴骑

① 徐勇主编：《先秦兵书通解》，天津人民出版社 2002 年版，第 328 页。
② 李硕：《南北战争三百年：中国 4—6 世纪的军事与政权》，上海人民出版社 2018 年版，第 26 页。

兵，汉军骑兵开始尝试进行冲击作战，由此开始了骑兵战术的重大转型。"[1] 根据《史记》《汉书》的记载，武帝时期对匈奴的主要战役共有 16 次[2]：

排序	时间	将领	兵马	战果
1	元光六年（前 129）	卫青、公孙敖、公孙贺、李广	四万骑	卫青胜，首虏七百级；公孙敖败，失七千级；公孙贺无功；李广被虏，逃归。
2	元朔元年（前 128）	卫青、李息	三万骑	首虏数千级，设沧海郡（三年罢）。
3	元朔二年（前 127）	卫青、李息		首虏二千三百，俘三千人，畜百万，收河南置朔方郡、五原郡。

① 李硕：《南北战争三百年：中国 4—6 世纪的军事与政权》，上海人民出版社 2018 年版，第 33 页。

② 伏奕冰：《〈史记〉军事名物的学术史研究》，载《甘肃社会科学》2018 年第 4 期。

（续表）

排序	时间	将领	兵马	战果
4	元朔五年（前124）	卫青、李息、公孙贺、张次公、苏建、李蔡、李沮	十余万，车、骑居多	俘虏万五千人，畜百万。
5	元朔六年春（前123）	卫青、公孙敖、公孙贺、苏建、李广、李沮、赵信	十余万骑	虏三千级
6	元朔六年夏（前123）	卫青、公孙敖、公孙贺、苏建、李广、李沮、赵信	十余万骑	卫青大胜，首虏万九千级；李广无功，亡军，独身逃还；赵信败，降匈奴。
7	元狩二年春（前121）	霍去病	万骑	斩首九千级
8	元狩二年夏（前121）	霍去病、公孙敖		霍去病大捷，斩首三万余，降人二千五百；公孙敖失道。

（续表）

排序	时间	将领	兵马	战果
9	元狩二年夏（前121）	李广	万四千骑	李广杀三千人，但全军覆没，逃归。
10	元狩四年（前119）	卫青、霍去病、公孙敖、李广、赵食其	十万骑，人民乐从者四万骑，步卒数十万	卫青至漠北，围单于，斩首万九千；霍去病与左贤王战，斩首俘虏共七万级，漠南空虚；汉军死者数万，马十四万；李广后期自杀；赵食其后期赎死。
11	元鼎六年（前111）	公孙贺、赵破奴	二万五千骑	出塞二千余里，不见虏而还，遂分置西北四郡，徙民实边。
12	元封元年（前110）	武帝御驾亲征	十八万骑	匈奴藏匿漠北，不敢与之战。
13	太初二年（前103）	赵破奴	二万骑	赵破奴被虏，全军覆没。

（续表）

排序	时间	将领	兵马	战果
14	天汉二年（前99）	李广利、公孙敖、李陵	三万骑，五千步卒	李广利斩首万级，汉兵死约二万；李陵只率步卒五千，杀匈奴万人，后战败降匈奴，只四百人逃归汉。
15	天汉四年（前97）	李广利、公孙敖、韩说、路博德	李广利骑六万、步卒七万；公孙敖骑一万、步卒三万；韩说步卒三万；路博德步卒一万	李广利战皆不利而还
16	征和三年（前90）	李广利、商丘成、马通	李广利骑七万；商丘成三万；马通骑四万	李广利战败降匈奴；商丘成、马通无所见而还。

可以看出，在武帝时期大规模的对匈战争中，骑兵已经成为主力兵种，成为打击匈奴的主要武装力量。武帝时期，汉匈双方30多年的大规模主力会战，是我国有史记载以来游牧文明与农耕文明的第一次大规模较量，通过这一系列较量，以骑射为主的游牧军队和以短兵相接（冲击战）为主的农耕军队互相渗透、互相学习，将彼方战术借为己用。中原军队在卫青、霍去病两位天才将领的指挥下，将此前春秋战国时期车兵、步兵的方阵冲击战术移植于骑兵部队；① 草原军队亦借鉴了中原军队的冲击战术，尤其是魏晋以降，历代草原部落都组成轻骑兵（骑射）与重骑兵（冲击）互为犄角的强大军事架构，屡寇中原，成为中原王朝自西晋以来直至明末清初挥之不去的梦魇。

汉晋以降，游牧民族的军事力量主要就由骑射（轻骑兵）和冲击（重骑兵）构成，虽然各个时期互有偏重，但随着马镫的普及，这种二维一体的骑兵战术格局已经固定下来。汉武帝时期汉匈双方旷日持久的大规模主力会战客观上促成了欧亚大陆上两种完全不同的战争文化生态的碰撞与交融。战后双方都损失惨重：匈奴方面内部分裂，北匈奴此后逐渐远遁，2世纪以后已不见于中国史籍，南匈奴逐渐南迁归汉，

---

① 李硕：《南北战争三百年：中国4—6世纪的军事与政权》，上海人民出版社2018年版，第43~47页。

并与中原华夏族逐渐融合；西汉方面连年劳师远征，"千里馈粮"①"日费千金"②，给西汉末年的社会危机埋下了伏笔。如前所述，这次会战奠定了此后近两千年骑兵战术的总体格局，即骑射（轻骑兵）加冲击（重骑兵），尤其为游牧民族骑兵所擅长。匈奴以降，乌桓、鲜卑、突厥、高车、柔然、契丹、女真、蒙古、满洲先后成为草原霸主，这里略举几例，以证论题。

《后汉书·乌桓鲜卑列传》：

> 乌桓者，本东胡也。汉初，匈奴冒顿灭其国，余类保乌桓山，因以为号焉。俗善骑射，弋猎禽兽为事。随水草放牧，居无常处。以穹庐为舍，东开向日。食肉饮酪，以毛毳为衣。贵少而贱老，其性悍塞。怒则杀父兄，而终不害其母，以母有族类，父兄无相仇报故也。有勇健能理决斗讼者，推为大人，无世业相继。……男子能作弓矢鞍勒，锻金铁为兵器。……鲜卑者，亦东胡之支也，别依鲜卑山，故因号焉。其言语习俗与乌桓同。③

---

① 刘春生校订：《十一家注孙子集校》，广东人民出版社 2019 年版，第 55 页。
② 刘春生校订：《十一家注孙子集校》，广东人民出版社 2019 年版，第 56 页。
③ 〔南朝宋〕范晔：《后汉书》，中华书局 1965 年版，第 2979～2980、2985 页。

可见乌桓与鲜卑为同种同源，习性相似。通过史料知道乌桓、鲜卑在匈奴势力衰弱之后，便取而代之，成为新的草原霸主。纵观两汉四百年，尤其是东汉以来，乌桓与汉廷的关系始终是打打停停、停停打打。兹列表格，以述其况：

排序	时间	战况概述
1	汉昭帝时	为报冒顿之怨，乌桓发匈奴单于冢墓，被匈奴击破。大将军霍光遣度辽将军范明友将二万骑击之，斩首六千余级，获其三王首而还。
2	汉昭帝时	乌桓寇幽州，范明友破之。
3	光武初	乌桓与匈奴连兵为寇，代郡以东尤被其害。
4	建武二十一年	遣伏波将军马援将三千骑出击，乌桓逆知，悉相率逃走，追斩百级而还。乌桓尾击其后，马援奔归，马死者千余匹。
5	建武二十二年	乌桓击破匈奴，匈奴北徙千里，漠南地空，光武帝以币帛赂乌桓。
6	建武二十五年	辽西乌桓大人郝旦等九百二十二人率众向化，献奴婢、牛马及弓、虎、豹、貂皮。
7	明帝、章帝、和帝三世	边境无事

（续表）

排序	时间	战况概述
8	安帝永初三年夏	渔阳乌桓与右北平胡千余寇代郡、上谷。
9	永初三年秋	雁门乌桓率众王无何（允），与鲜卑大人丘伦等，及南匈奴骨都侯，合七千骑寇五原，与太守战于九原高粱谷，汉兵大败。 汉乃遣车骑将军何熙、度辽将军梁慬等击，大破之。
10	顺帝阳嘉四年冬	乌桓寇云中，度辽将军耿晔率二千余人追击，不利，又战于沙南，斩首五百级。乌桓遂围晔于兰池城，于是发积射士二千人，度辽营千人，配上郡屯，以讨乌桓，乌桓乃退。
11	永和五年	乌桓大人阿坚、羌渠等与南匈奴左部句龙吾斯反叛，中郎将张耽击破之，余众悉降。
12	桓帝永寿中	朔方乌桓与休著屠各并叛，中郎将张奂击平之。
13	延熹九年夏	乌桓复与鲜卑及南匈奴寇缘边九郡，俱反，张奂讨之，皆出塞去。

（续表）

排序	时间	战况概述
14	灵帝初	乌桓大人上谷有难楼者，众九千余落，辽西有丘力居者，众五千余落，皆自称王；又辽东苏仆延，众千余落，自称峭王；右北平乌延，众八百余落，自称汗鲁王。
15	中平四年	前中山太守张纯叛，入丘力居众中，自号弥天安定王，遂为诸郡乌桓元帅，寇掠青、徐、幽、冀四州。
16	中平五年	汉廷以刘虞为幽州牧，斩张纯，北州乃定。
17	献帝初平中	乌桓主丘力居死，子蹋顿立，总摄三部，众皆从其号令。
18	建安初	冀州牧袁绍与前将军公孙瓒相持不决，蹋顿遣史诣绍求和亲，遂遣兵击瓒，破之。袁绍矫诏赐蹋顿、难楼、苏仆延、乌延等，皆以单于印授。后难楼、苏仆延率其众奉楼班为单于，蹋顿为王。及袁绍子袁尚败，奔蹋顿，幽、冀吏人奔乌桓十万余户，袁尚欲借其力，复图中国。
19	建安十二年	曹操自征乌桓，大破蹋顿于柳城，斩之，首虏二十余万人。乌桓余众万余落悉徙居中国。

　　分析上表，可知乌桓崛起于西汉昭宣时期。贯东汉一朝，终为北患，明帝、章帝、和帝时期保持了 48 年的边疆安定，其余 147 年间乌桓始终对东汉北境施加一定的军事压力，时而寇边。当然，仔细分析便能看到，东汉与乌桓的关系总体上呈现为和平稳定，史料中记载的军事冲突仅有 15 次，对于享国 195 年的东汉（25—220）朝廷而言，平均 13 年一次，频率实在不算太高。从史料来看，乌桓对东汉的军事行动，仅仅为小股人马骚扰抢掠而已，最多不过万人，最少仅几百人，当然只能是小规模的劫掠战，由于没有大规模的主力会战，战术当以骑射为主。大概是吸取了汉武帝穷兵黩武给帝国带来诸多负面因素的教训，东汉王朝对乌桓始终采取来则击之的战略方针，并未兴师动众深入塞北穷追猛打，直到汉末的曹操，乌桓寇边的问题才彻底解决。

　　与乌桓同种同源，崛起于魏晋之际的鲜卑，则并不满足于小股寇边，彼时已经普遍的马镫，给骑射和冲击均带来了革命性的变革。依靠强有力的骑射和冲击，鲜卑慕容部和拓跋部先后横扫北方中国，并最终由拓跋部完成了对北方的重新统一。北魏的直接继承者之一西魏政权，曾在其统辖的敦煌莫高窟壁画中留下了珍贵的鲜卑骑兵冲击战术史料：

图 2-5① 　敦煌莫高窟第 285 窟南壁《五百强盗成佛图》（局部）　西魏

图 2-6② 　敦煌莫高窟第 285 窟南壁《五百强盗成佛图》线描图　西魏

---

① 敦煌研究院主编：《敦煌石窟全集 3·本生因缘故事画卷》，上海人民出版社 2001 年版，第 94 页。

② 孙机：《中国古代物质文化》，中华书局 2014 年版，第 362 页。

　　这是两幅珍贵的鲜卑重装骑兵冲锋陷阵的图像材料，是当时真实战场的实录，著名考古学者杨泓先生曾对此做过专门研究。杨泓《敦煌莫高窟壁画中军事装备的研究之一——北朝壁画中的具装铠》是专门讨论上图的学术论文，该文通过大量传世史料及考古发掘资料并结合上图进行讨论，得出结论：汉末三国以降，具装铠开始出现，魏晋南北朝时期，得到广泛的运用与推广。文章进一步认为，骑兵用来保护战马的马铠——具装铠，目前所知最早的运用是东汉末年曹操与袁绍的官渡之战，经过三国、两晋时期的发展，到东晋南朝时期，已经非常普遍了，军队中装备的数量日益增多，由以十、百计，发展到以千、万计。杨先生将魏晋南北朝时期的具装铠在考古类型学上分为三型：一型以草厂坡一号墓陶俑和冬寿墓壁画为代表，当时的具装铠对战马全身的保护比较完备，包括面帘、鸡劲、当胸、马身甲和搭后，最有特点的是面帘，由马额至马鼻是一条居中的平脊，向左右两侧扩展出护板，遮护住马头；二型以元邵墓陶俑和丹阳南朝墓拼镶砖画为代表，这一时期的面帘已与一型的有所不同，采用整套套在马头上的样式，双目双耳处有洞孔；三型以韩裔墓陶俑和邓县画像砖为代表，这一时期的面帘又由二型的套头式改变成半面帘的型式，但和一型不同，双耳仍由面帘的耳孔中伸出，面帘由头顶盖到鼻端，两侧护额部分呈弧曲状。

所以杨先生认为魏晋时期重装骑兵战马护具的发展，总体变化不大，主要是面帘的变化，由繁重变为轻便，由复杂变为简单，由全护马头变为半护马头，从而客观上为唐代以后轻骑兵的兴起奠定了基础。文章的最后讨论了重装骑兵与轻装步兵战斗的问题，即一般条件下，重装骑兵是可以较容易地战胜轻装步兵的。[①] 由此可见，魏武帝曹操之所以能够解决困扰东汉一朝的乌桓问题，正是因为他承袭了卫、霍二人所开创的骑兵冲击战，并且配置了具装铠这一利器。鲜卑骑兵则将重装冲击发扬光大。

由于深受突厥骑兵战术的影响，唐代骑兵以轻骑兵（骑射）为主力[②]，逐渐摆脱了横行北方中国三个世纪之久的鲜卑重装骑兵的骚扰，敦煌唐代壁画中的骑士形象均为人着甲而马不披甲，亦是有力的证明。

辽、金、夏、宋、元已降，骑兵的战术依然稳定在骑射（轻装）与冲击（重装）二维一体的格局之内。《辽史·兵卫志上》记载：

---

① 杨泓：《敦煌莫高窟壁画中军事装备的研究之一——北朝壁画中的具装铠》，见敦煌文物研究所编《1983 年全国敦煌学术讨论会文集·石窟·艺术编上》，甘肃人民出版社 1985 年版，第 325~339 页。

② 杨泓：《敦煌莫高窟壁画中军事装备的研究之二——鲜卑骑兵和受突厥影响的唐代骑兵》，见段文杰等编《1990 年敦煌学国际研讨会文集·石窟考古编》，辽宁美术出版社 1995 年版，第 291~297 页。

敌军既阵，料其阵势小大，山川形势，往回道路，救援捷径，漕运所出，各有以制之。然后于阵四面，列骑为队，每队五、七百人，十队为一道，十道当一面，各有主帅。最先一队走马大噪，冲突敌阵。得利，则诸队齐进；若未利，引退，第二队继之。退者，息马饮水秣。诸道皆然。更退迭进，敌阵不动，亦不力战。历二三日，待其困惫，又令打草谷家丁马施双帚，因风疾驰，扬尘敌阵，更互往来。中既饥疲，目不相睹，可以取胜。①

可以看出，这一战术首先以骑兵四面分番冲击敌阵，不能冲散敌阵，也不力战，而是拖延时间，使敌困弊；然后再以扬尘迷乱敌人，乘机进攻。避免打硬仗，运用各种手段疲敌、误敌是契丹战术思想的特点。② 在骑兵冲击中，弓矢仍然是契丹骑兵的主要兵器。《武经总要》："夷狄用兵，每弓骑暴集，偏攻大阵，一面捍御不及，则有奔突之患。"③

金代女真骑兵的轻、重骑兵配合依然十分娴熟：

---

① 〔元〕脱脱等：《辽史》，中华书局 1974 年版，第 399 页。
② 黄朴民、魏鸿、熊剑平：《中国兵学思想史》，南京大学出版社 2018 年版，第 360 页。
③ 《中国兵书集成》编委会编：《中国兵书集成 3·武经总要》，解放军出版社、辽沈书社 1988 年版，第 314 页。

每五十人分为一队，前二十人金装重甲，持棍枪。后三十人轻甲，操弓矢。每遇敌，必有一二人跃马而出，先观阵之虚实，或向其左右前后结队而驰击之。百步之内弓矢齐发，中者常多。胜则整队而缓追，败则复聚而不散。其分合出入，应变若神，人自为战则胜。①

南宋中兴名将吴璘感慨道：

"璘从先兄有事西夏，每战，不过一进却之顷，胜负辄分。至金人，则更进迭退，忍耐坚久，令酷而下必死，每战非累日不决，胜不遽追，败不至乱。盖自昔用兵所未尝见，与之角逐滋久，乃得其情。盖金人弓矢，不若中国之劲利；中国士卒，不及金人之坚耐。"②

"金人有四长，……曰骑兵，曰坚忍，曰重甲，曰弓矢。"③

而将骑射与冲击战术发挥到炉火纯青境界的则是蒙古骑兵。

---

① 〔宋〕徐梦莘：《三朝北盟会编》，上海古籍出版社 1987 年版，第 19 页。
② 〔元〕脱脱等：《宋史》，中华书局 1977 年版，第 11413 页。
③ 〔元〕脱脱等：《宋史》，中华书局 1977 年版，第 11420 页。

南宋彭大雅曾出使蒙古，后将其见闻撰成《黑鞑事略》，其中对蒙古骑兵的骑射与冲击有详细记载：

> 其骑射，则孩时绳束以板，络之马上，随母出入；三岁以索维之鞍，俾手有所执，从众驰骋；四五岁挟小弓、短矢；及其长也，四时业田猎。凡其奔骤也，跂立而不坐，故力在跗者八九，而在髀者一二。疾如飙至，劲如山压，左旋右折如飞翼，故能左顾而射右，不特抹䩺而已。①

> 其行军常恐冲伏。虽偏师亦必先发精骑，四散而出，登高眺远，深哨一二百里间，掩捕居者、行者，以审左右前后之虚实，如某道可进、某城可攻、某地可战、某处可营、某方有敌兵、某所有粮草，皆责办于哨马回报。如大势军马并力蝟奋，则先烧琵琶，决择一人以统诸部。②

> 其阵利野战，不见利不进。动静之间，知敌强弱。百骑环绕，可裹万众；千骑分张，可盈百里。摧坚陷阵，全藉前锋袵革当先，例十之三。凡遇敌阵，则三三五五四五，断不簇聚，为敌所包。大率步宜整而骑宜分，敌

---

① 许全胜校注：《黑鞑事略校注》，兰州大学出版社 2014 年版，第 116 页。
② 许全胜校注：《黑鞑事略校注》，兰州大学出版社 2014 年版，第 149 页。

分亦分，敌合亦合。故其骑突也，或远或近，或多或少，或聚或散，或出或没，来如天坠，去如电逝，谓之"鸦兵撒星阵"。①

其破敌，则登高眺远，先相地势，察敌情伪，专务乘乱。故交锋之始，每以骑队径突敌阵，一冲才动，则不论众寡，长驱直入。敌虽十万，亦不能支。不动则前队横过，次队再撞。再不能入，则后队如之。方其冲敌之时，乃迁延时刻，为布兵左右与后之计。兵既四合，则最后至者一声姑诡，四方八面响应齐力，一时俱撞。此计之外，或臂团牌，下马步射。一步中镝，则两旁必溃，溃则必乱，从乱疾入敌。或见便以骑蹙步，则步后驻队，驰敌迎击。敌或坚壁，百计不中，则必驱牛畜，或鞭生马，以生搅敌阵，鲜有不败。②

此外，外国学者亦有相关记载。瑞典学者多桑在《多桑蒙古史》中写道：

蒙古兵侵入一地，各方并进，分兵屠诸乡居民，仅留若干俘虏，以供营地工程或围城之用。其残破一地，

---

① 许全胜校注：《黑鞑事略校注》，兰州大学出版社2014年版，第155~156页。
② 许全胜校注：《黑鞑事略校注》，兰州大学出版社2014年版，第164页。

必屯兵于堡寨附近，以阻戍兵之出。设有大城难下，则先蹒其周围之地。围攻之时，常设伏诱守兵出，使之多所损伤。先以逻骑诱守兵及居民出城，城中人常中其计。蒙古兵环城筑垒，驱俘虏于垒下，役之使作最苦而最危险之工事。设被围者不受其饵，抑不畏其威胁，则填平壕堑，以炮攻城。强俘虏及签军先登，更番攻击，日夜不息，务使围城中人不能战而后已。……蒙古兵之毁敌城池，水火并用，或用引火之具，或引水以灌之。有时掘地道攻入城内，有时用袭击方法，弃其辎重于城下，退兵于距离甚远之地，不使敌人知其出没，亟以轻骑驰还，乘敌不备，袭取其城。蒙古兵之围一城也，未下而解围去之事甚鲜。设城堡地势险要，难以力取，则久围之，且有围之数年者。[1]

美国学者杜普伊在其著作《武器和战争的演变》中也说：

蒙古人在武器方面没有什么重大改革……重骑兵的主要兵器是长枪……轻骑兵的主要兵器是弓。这是一种

---

[1] ［瑞典］多桑著，冯承钧译：《多桑蒙古史》，中华书局1962年版，第154页。

很大的弓，至少需要 166 磅的拉力，比英国长弓还要重，射击距离为 200 至 300 码。他们身带两种箭：一种比较轻，箭头小而尖利，用于远射；另一种比较重，箭头大而宽，用于近战。[①]

蒙军最常使用的作战方法是在轻骑兵掩护下，将部队排成许多大致平行的纵队，以很宽的一条阵线向前推进。当第一纵队遇到敌人主力时，该纵队便根据情况或者停止前进或者向后稍退，其余纵队仍旧继续前进，占领敌人侧面和背后的地区。这样往往迫使敌人后退以保护其交通线，蒙军乘机逼近敌人并使之在后退时变得一片混乱，最后将敌人完全包围并彻底歼灭。[②]

作战时，各个骑兵连靠得很紧。但是如果位于中央的部队已经跟敌人交火，那末两翼部队便向翼侧疏开，绕向敌人的两侧和后背。在进行这种包抄运动时，常常借助烟幕、尘土来迷惑敌人，或者利用山坡和谷地的掩护。完成对敌包围后，各部即从四面八方发动进攻，引起敌阵大乱，最后将敌人彻底击溃。这种包围运动是蒙

----

① ［美］T. N. 杜普伊著，李志兴、严瑞池、王建华、谢储生、孙志成译：《武器和战争的演变》，军事科学出版社 1985 年版，第 93 页。

② ［美］T. N. 杜普伊著，李志兴、严瑞池、王建华、谢储生、孙志成译：《武器和战争的演变》，军事科学出版社 1985 年版，第 95 页。

古军队常用的作战方法，而且他们特别善用计谋来实施这种方法。①

杜普伊进一步指出：

　　蒙古人跟好讲义气和面子的西欧骑士不同，他们不赞成欧洲人堂堂正正的打法，而喜欢运用计谋和策略。这一点使他们在作战时往往非常占先，减少了他们自己的损失，增加了敌人的伤亡。②

　　草原民族拥有如此卓越的骑兵战术，最重要的原因便是与其经年累月的狩猎生活息息相关。《匈奴列传》说道："其俗，宽则随畜，因射猎禽兽为生业，急则人习战攻以侵伐，其天性也。"李硕先生认为这实指草原畜群的季节周期律，牧民在秋冬季节集中起来进行集体狩猎，野兽和家畜同样处在过冬期，膘肥毛厚，这种大规模的集体狩猎行为可以随时随地非常娴熟地转变为对"人"的狩猎，场面之大不亚于一场

---

　　① ［美］T. N. 杜普伊著，李志兴、严瑞池、王建华、谢储生、孙志成译：《武器和战争的演变》，军事科学出版社 1985 年版，第 96 页。
　　② ［美］T. N. 杜普伊著，李志兴、严瑞池、王建华、谢储生、孙志成译：《武器和战争的演变》，军事科学出版社 1985 年版，第 96 页。

白登之战。[1] 同样在鲜卑拓跋氏和宇文氏统治中国北方时期，狩猎的场景也多反映在敦煌壁画中。我们翻检大部分敦煌壁画可以发现，对于狩猎场景的绘制，鲜卑拓跋氏和宇文氏统治时期（北魏、西魏、北周）的作品要明显多于隋唐以后，这也是草原民族钟情于弓箭文化的力证。

图 2-7[2] 莫高窟第 285 窟南壁射猎图像 西魏

① 李硕：《南北战争三百年：中国 4—6 世纪的军事与政权》，上海人民出版社 2018 年版，第 36 页。

② 中国敦煌壁画全集编辑委员会编，段文杰主编：《中国敦煌壁画全集 2·西魏》，天津人民美术出版社 2002 年版，第 124 页。

图 2-8[1]　莫高窟第 249 窟窟顶北坡下部射猎图像　西魏

图 2-9[2]　莫高窟第 285 窟窟顶东坡射猎图像　西魏

①　敦煌研究院主编：《敦煌石窟全集 19·动物画卷》，上海人民出版社 2000 年版，第 35 页。

②　敦煌研究院主编：《敦煌石窟全集 19·动物画卷》，上海人民出版社 2000 年版，第 40 页。

图2-10① 莫高窟第299窟窟顶北坡睒子本生故事画中射猎图像　北周

图2-11② 莫高窟第461窟西壁龛楣睒子本生故事画中射猎图像　北周

---

① 敦煌研究院主编：《敦煌石窟全集19·动物画卷》，上海人民出版社2000年版，第59页。

② 中国敦煌壁画全集编辑委员会编，段文杰、樊锦诗主编：《中国敦煌壁画全集3·敦煌北周》，天津人民美术出版社2006年版，第5页。

图 2-12①　莫高窟第 301 窟窟顶南坡萨埵太子本生故事
画中狩猎图像　北周

图 2-13②　莫高窟第 296 窟窟顶南坡善事太子入海本生故事
画中射猎图像　北周

---

① 中国敦煌壁画全集编辑委员会编，段文杰、樊锦诗主编：《中国美术分类全集·中国敦煌壁画全集 3·敦煌北周》，天津人民美术出版社 2006 年版，第 172 页。

② 敦煌研究院主编：《敦煌石窟全集 3·本生因缘故事画卷》，上海人民出版社 2001 年版，第 144 页。

图 2-14① 莫高窟第 290 窟窟顶东坡佛传故事画中狩猎图像　北周

以上八铺壁画均是鲜卑民族弓马娴熟、善于狩猎的真实写照，此处不再赘述。同样，蒙古民族亦深谙狩猎之本领。13 世纪波斯著名学者志费尼的《世界征服者史》中有详细实录：

成吉思汗极其重视狩猎，他常说，行猎是军队将官的正当职司，从中得到教益和训练是士兵和军人应尽的义务，〔他们应当学习〕猎人如何追赶猎物，如何猎取

---

① 中国敦煌壁画全集编辑委员会编，段文杰、樊锦诗主编：《中国敦煌壁画全集 3·敦煌北周》，天津人民美术出版社 2006 年版，第 100 页。

它，怎样摆开阵势，怎样视人数多寡进行围捕。因为，蒙古人想要行猎时，总是先派探子去探看有什么野兽可猎，数量多寡。当他们不打仗时，他们老那么热衷于狩猎，并且鼓励他们的军队从事这一活动：这不单为的是猎取野兽，也为的是习惯狩猎锻炼，熟悉弓马和吃苦耐劳。每逢汗要进行大猎（一般在冬季初举行），他就传下诏旨，命驻扎在他大本营四周和斡耳朵附近的军队作好行猎准备，按照指令从每十人中选派几骑，把武器及其他适用于所去猎场的器用等物分发下去。军队的右翼、左翼和中路，排好队形，由大异密率领；他们则携带后妃、嫔妾、粮食、饮料等，一起出发。他们花一两个月或三个月的时间，形成一个猎圈，缓慢地、逐步地驱赶着前面的野兽，小心翼翼，唯恐有一头野兽逃出圈子。如果出乎意料有一头破阵而出，那末要对出事原因作仔细的调查，千夫长、百夫长和十夫长要因此受杖，有时甚至被处极刑。如果（举个例说）有士兵没有按照路线（蒙古人称之为捏儿格）行走，或前或后错走一步，就要给他严厉的惩罚，决不宽恕。在这两三个月中，他们日夜如此驱赶着野兽，好像赶一群绵羊，然后捎信给汗，向他报告猎物的情况，其数之多寡，已赶至何处，从何地将野兽惊起，等等。最后，猎圈收缩到直径仅两三帕列散时，他们把绳索连结起来，在上面复以毛毡；军队围着圈子停下来，肩并肩而立。这时候，圈子中充满各种兽类的哀嚎和骚乱，还有形形色色猛兽的咆哮和喧嚣，全都感到这是"野兽麇集"时的大劫。……猎圈再收缩到野兽已不能跑动，汗便带领几骑首先驰入；当他猎厌后，他们在捏儿格中央的高地下马，观看诸王同样进入猎圈，继他们之后，按顺序进入的是那颜、将官和士兵。几天时间如此过去；最后，除了几头伤残的游荡的野兽外，没有别的猎物了……①

根据以上中外学者的论述，我们知道 13 世纪的蒙古骑兵已经将骑射（轻骑兵）与冲击（重骑兵）战术的配合运用得炉火纯青。自公元前 1 世纪卫青、霍去病两位青年天才将领对匈作战时开创了这一战术，经千年之演进，尤其经历代草原民族之发扬，造极于蒙古之时。公元前 6 世纪，伟大的兵学圣典《孙子兵法》就提出了"兵者，诡道也""凡战者，以正合，以奇胜"的著名军事论断，而 1800 年后兴起于草原的蒙古骑兵则将这一战术发挥到了极致。正如同民国将领万耀煌于 1948 年在给美国将领布尔霖所著《成吉思汗》一书所

---

① ［伊朗］志费尼著，何高济译：《世界征服者史》（上册），内蒙古人民出版社 1980 年版，第 29~31 页。

作的序言中写道："中国兵学至孙子而集理论之大成；至元太祖成吉思汗，而呈实践上之巨观。此二人者，遥遥相距千祀，一则援笔以言，一则仗剑以行，卒以造成历史上中国军威震轹欧亚之伟业，发扬数千年中国兵学蓄精养锐之奇辉。"[1] 太史公司马迁以高屋建瓴般的历史视角首创草原民族史志，第一次系统记录了游牧民族弓箭文化的特征，对今天历史学、民族学、人类学的研究均有着伟大的启示意义。

第二节　弩：农耕民族的神兵

战国、秦汉时期，弩是当时中原军队装备的重要远程抛射兵器，从某种意义上说，弩在作战中的重要性丝毫不亚于弓。对于绝大多数农耕地区的百姓而言，终其一生都可能很少或从未参加过狩猎活动，甚至不曾触碰过弓箭，他们终日从事农业生产活动，通常日出而作、日落而息，活动范围有限，目光相对狭窄，对"锄耰棘矜"的掌握情况远远胜于弓矢，所以这些"职业农民"一旦全副武装奔赴战场，很显然更擅长"短兵相接""击鼓而进、鸣金而退"

---

① 转引自都古尔扎布《从对"孙子"与成吉思汗的研究谈当前军事理论研究的几点认识》，见中国人民政治协商会议内蒙古自治区委员会文史资料委员会编《蒙古族古代军事思想研究论文集》，1989年，第6页。

这种符合"礼法"的阵地战。在战场上，面对"儿能骑羊，引弓射鸟鼠，少长则射狐兔……""聚之如天坠，散之如电逝"的"职业猎人"，则显得捉襟见肘。游牧者根本不会给农耕者所谓堂堂阵阵地短兵相接的机会，密如暴雨般的箭雨会瞬间破坏农耕军队的阵列；如围猎野兽一样的消耗战会彻底摧毁农耕军人的心理防线；最后则以重装骑兵发动冲击，大获全胜。因此，农耕军队客观上需要一种可以压制游牧军队弓箭的远程抛射兵器。由于从小缺乏练习，成年以后的农耕者参军之后再进行弓箭训练，显然不能和自幼训练有素的游牧者相抗衡（当然，像飞将军李广这样生活在边关，"世世受射"的情况除外），为了弥补这一缺陷，一种经过简单培训就可以掌握的、半自动化的、射程不亚于弓箭的兵器——弩——出现了。英国著名科技史学者李约瑟曾经这样论述弩超越弓的稳定性：

　　射击时瞄准过程所受的主要影响，与其说是弓的张力，不如说是射者的持弓之手和钩弦之手难以持久稳定。由此导致了瞄准和释放的不准确性。应当记住，普通弓箭手须使用与其力量相适应的弓。弩的优点是，能够采用远远超出弓箭手力量的弓，因为它以机械释放和保持住张开的弓弦，并且凭借刚性的弩臂，使弓和弩机保持

固定关系。其结果是使瞄准变得准确。因此，当扣发扳机的机械化装置设计出来时，便取得了一个巨大的进步……①

　　弩的诞生使得农耕军队拥有了和游牧军队相对抗的抛射兵器；更为重要的是，培养一名弩手所花费的时间要远远短于培养一名弓箭手，对于不甚熟悉弓箭性能的绝大多数中原士兵来说，这无疑是一大法宝，弩机、望山这些机械装置的配置，使得农耕士兵射击的精准度可以和游牧者相媲美，从而将双方的射术又拉回到同一起点。弩的起源应当是很早的，我国西南地区的一些少数民族，如傈僳族、哈尼族、独龙族至今还有使用木弩的情况②。类似的情况也出现在东亚其他一些古老民族中，比如雅库特人、通古斯人、楚克奇人及阿伊努人。③ 关于弩之起源，最早的记载是在《吴越春秋》中：

　　　　于是范蠡复进善射者陈音。音，楚人也。越王请音

————————————

① ［英］李约瑟、［加拿大］叶山等著，钟少异等译：《中国科学技术史·第五卷化学及相关技术·第六分册军事技术：抛射武器和攻守城技术》，科学出版社、上海古籍出版社 2002 年版，第 91~92 页。

② 杨泓：《中国古兵器论丛》（增订本），文物出版社 1985 年版，第 207 页。

③ ［英］李约瑟、［加拿大］叶山等著，钟少异等译：《中国科学技术史·第五卷化学及相关技术·第六分册军事技术：抛射武器和攻守城技术》，科学出版社、上海古籍出版社 2002 年版，第 104 页。

而问曰："孤闻子善射，道何所生？"

音曰："臣，楚之鄙人，尝步于射术，未能悉知其道。"

越王曰："然，愿子一二其辞。"

音曰："臣闻弩生于弓，弓生于弹，弹起古之孝子。"

越王曰："孝子弹者奈何？"

音曰："古者人民朴质，饥食鸟兽，渴饮雾露，死则裹以白茅，投于中野。孝子不忍见父母为禽兽所食，故作弹以守之，绝鸟兽之害。故古人歌曰：'断竹属木，飞土逐肉。'逐令死者不犯鸟、狐之残也。于是神农、黄帝弦木为弧，剡木为矢，弧矢之利以威四方。黄帝之后，楚有弧父。弧父者，生于楚之荆山，生不见父母。为儿之时，习用弓矢，所射无脱。以其道传于羿，羿传逢蒙，逢蒙传于楚琴氏。琴氏以为弓矢不足以威天下。当是之时，诸侯相伐，兵刃交错，弓矢之威不能制服。琴氏乃横弓着臂，施机设郭，加之以力，然后诸侯可服。……"

越王曰："弩之状何法焉？"

陈音曰："郭为方城，守臣子也。敖为人君，命所起也。牙为执法，守吏卒也。牛为中将，主内裹也。关为守御，检去止也。锜为侍从，听人主也。臂为道路，通所使也。弓为将军,主重负也。弦为军师,御战士也。矢为飞客,主教使也。金为穿敌,往不止也。卫为副使,正道里也。又为受教,知可否也。缥为都尉,执左右也。敌为百死,不得骇也。鸟不及飞,兽不暇走,弩之所向,无不死也。臣之愚劣,道悉如此。”

越王曰:“愿闻正射之道。”

音曰:“臣闻正射之道,道众而微。古之圣人,射弩未发而前名其所中。臣未能如古之圣人,请悉其要。夫射之道:身若戴板,头若激卵;左足纵,右足横;左手若附枝,右手若抱儿;举弩望敌,翕心咽烟;与气俱发,得其和平;神定思去,去止分离;右手发机,左手不知;一身异教,岂况雄雌!此正射持弩之道也。”

“愿闻望敌仪表、投分飞矢之道。”

音曰:“夫射之道:从分望敌,合以参连;弩有斗石,矢有轻重,石取一两,其数乃平;远近高下,求之铢分。道要在斯,无有遗言。”

越王曰:“善!尽子之道。愿子悉以教吾国人。”

音曰:“道出于天,事在于人。人之所习,无有不神。”

于是乃使陈音教士习射于北郊之外。三月,军士皆能用弓弩之巧。

陈音死，越王伤之，葬于国西山上，号其葬所曰陈音山。[①]

之所以不厌其烦长篇累牍地引用《吴越春秋》的相关文字，一是可以据此了解中国古代弩的起源理论，比如"弩生于弓，弓生于弹，弹起古之孝子"。由弓到弩的转换，由楚人琴氏所开创。通过越王与陈音的谈话，还能够较为详细地了解弩的基本构造，如"郭""牙""臂"等。此处不再赘述，示图以证：

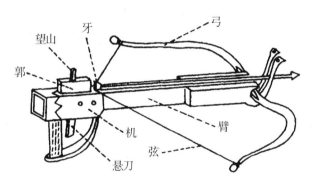

图2-15[②]　弩各个部位名称

二是全面了解了弩的射击之道，即所谓的战术动作。文

---

① 张觉校注：《吴越春秋校注》，岳麓书社2006年版，第243~245页。
② 张觉校注：《吴越春秋校注》，岳麓书社2006年版，第246页。

献中有详细叙述：射击时，身体直立稳固如木板，头部应当保持适当灵活，左脚置前与右脚呈直角状，左手轻托弩臂如同轻抚树枝，右手扣住扳机（悬刀），大臂小臂之间的夹角很自然地呈现为抱婴儿状。整个战术动作一气呵成：举弩望敌、屏住呼吸、呼气放箭。至于"右手发机，左手不知；一身异教，岂况雄雌！"可谓是弩射术的最高境界，人弩合一，不可不谓之神也。

三是知道了一名合格弩手的训练时间确实要明显短于一名弓手，陈音为越王在国都以北训练弩手，三月大成，相比于自幼持弓射鸟鼠、少长射狐兔、成年再狩猎的弓手训练，时间成本确实大为节约，这对于农耕地区的中原军队来说，意义无疑是巨大的。《吴越春秋》相传为东汉赵晔所著，虽多有传奇色彩，但基本可信。① 其中关于弩的记载，应大体是准确的，大约在春秋战国之际，弩开始大规模使用，这一时期最重要的兵书《孙子兵法》写道"公家之费，破车疲马，甲胄矢弩，戟楯蔽橹，丘牛大车，十去其六""势如彍弩，节如发机"②，可见弩已经开始普及于军队。战国初期的第一场大规模会战，即齐魏马陵之战就以齐军万弩齐射大败魏军

_____

① 林小云：《〈吴越春秋〉研究》，华中科技大学出版社 2014 年版，第 35~36 页。

② 刘春生校订：《十一家注孙子集校》，广东人民出版社 2019 年版，第 70、170 页。

而告终，《史记·吴起孙子列传》中有详细的书写。

　　战国秦汉时期，中原军队十分重视对弩的配置，秦军强弩横扫山东六国，汉军神弩力克漠北匈奴，《史记》中不乏相关记载，列表如下：

《史记》中的弩

序号	出处	修订本页码
1	**卷六《秦始皇本纪》** 　　方士徐市等入海求神药，数岁不得，费多，恐谴，乃诈曰："蓬莱药可得，然常为大鲛鱼所苦，故不得至，愿请善射与俱，见则以连弩射之。"	第335页
	《秦始皇本纪》 　　乃令入海者赍捕巨鱼具，而自以连弩候大鱼出，射之。	第335页
	《秦始皇本纪》 　　令匠作机弩矢，有所穿近者，辄射之。	第337页
	《秦始皇本纪》 　　秦人阻险不守，关梁不阖，长戟不刺，强弩不射。	第349页

（续表）

序号	出处	修订本页码
1	《秦始皇本纪》 　　良将劲弩守要害之处，信臣精卒陈利兵而谁何，天下以定。	第 354 页
2	卷七《项羽本纪》 　　汉王不听，项王伏弩射中汉王。汉王伤，走入成皋。	第 416—417 页
3	卷八《高祖本纪》 　　项羽大怒，伏弩射中汉王。汉王伤匈，乃扪足曰："虏中吾指！"汉王病创卧，张良强请汉王起行劳军，以安士卒，毋令楚乘胜于汉。	第 475 页
4	卷三十六《陈杞世家》 　　灵公罢酒出，征舒伏弩厩门射杀灵公。	第 1909 页
5	卷四十八《陈涉世家》 　　良将劲弩，守要害之处，信臣精卒，陈利兵而谁何。	第 2381 页
6	卷五十七《绛侯周勃世家》 　　已而之细柳军，军士吏被甲，锐兵刃，彀弓弩，持满。	第 2519 页

（续表）

序号	出处	修订本页码
7	卷五十八《梁孝王世家》 　　梁多作兵器弩弓矛数十万，而府库金钱且百巨万，珠玉宝器多于京师。	第 2533 页
8	卷六十五《孙子吴起列传》 　　于是令齐军善射者万弩，夹道而伏，期曰“暮见火举而俱发”。庞涓果夜至斫木下，见白书，乃钻火烛之。读其书未毕，齐军万弩俱发，魏军大乱相失。	第 2635 页
9	卷六十九《苏秦列传》 　　于是说韩宣王曰：“韩北有巩洛、成皋之固，西有宜阳、商阪之塞，东有宛、穰、洧水，南有陉山，地方九百余里，带甲数十万，天下之强弓劲弩皆从韩出。溪子、少府时力、距来者，皆射六百步之外。韩卒超足而射，百发不暇止，远者括蔽洞胸，近者镝弇心。韩卒之剑戟皆出于冥山、棠溪、墨阳、合赙、邓师、宛冯、龙渊、太阿，皆陆断牛马，水截鹄雁，当敌则斩坚甲、铁幕，革抉、㕹芮，无不毕具。以韩卒之勇，被坚甲，跖劲弩，带利剑，一人当百，不足言也。夫以韩之劲与大王之贤，乃西面事秦，交臂而服，羞社稷而为天下笑，无大于此者矣。是故愿大王孰计之。”	第 2734 页

序号	出处	修订本页码
9	《苏秦列传》 　　乘夏水，浮轻舟，强弩在前，铢戈在后，决荥口，魏无大梁；决白马之口，魏无外黄、济阳；决宿胥之口，魏无虚、顿丘。	第2759页
10	卷七十一《樗里子甘茂列传》 　　今秦，虎狼之国，使樗里子以车百乘入周，周以仇犹、蔡观焉，故使长戟居前，强弩在后，名曰卫疾，而实囚之。	第2804—2805页
11	卷七十二《穰侯列传》 　　夫齐，罢国也，以天下攻齐，如以千钧之弩决溃痈也，必死，安能毙晋、楚？	第2827页
12	卷九十三《韩信卢绾列传》 　　护军中尉陈平言上曰："胡者全兵，请令强弩傅两矢外向，徐行出围。"	第3194页

（续表）

序号	出处	修订本页码
13	卷九十五《樊郦滕灌列传》 　　高帝出欲驰，婴固徐行，弩皆持满外向，卒得脱。	第 3231 页
14	卷一百八《韩长孺列传》 　　且强弩之极，矢不能穿鲁缟；冲风之末，力不能漂鸿毛。	第 3461 页
15	卷一百一十七《司马相如列传》 　　至蜀，蜀太守以下郊迎，县令负弩矢先驱，蜀人以为宠。	第 3692 页
16	卷一百一十八《淮南衡山列传》 　　被曰："南收衡山以击庐江，有寻阳之船，守下雉之城，结九江之浦，绝豫章之口，强弩临江而守，以禁南郡之下，东收江都、会稽，南通劲越，屈强江淮间，犹可得延岁月之寿。"	第 3757 页
17	卷一百二十三《大宛列传》 　　诸尝使宛姚定汉等言宛兵弱，诚以汉兵不过三千人，强弩射之，即尽虏破宛矣。	第 3853 页
	《大宛列传》 　　多贵粮，兵弩甚设，天下骚动，传相奉伐宛，凡五十余校尉。	第 3854 页

由上表可知,《史记》对弩的书写,共出现在 17 篇(卷)文献之中,凡 25 次。由此可见弩在战国、秦汉时期是十分常见的抛射兵器,具体而言,《孙子吴起列传》《秦始皇本纪》《项羽本纪》《高祖本纪》《匈奴列传》《大宛列传》中所记载的齐魏马陵之战、秦始皇灭六国之战、楚汉之战及汉匈之战,这些战争场景最能反映弩的神威。弩的实战应用最早出现于齐魏马陵之战中,盛于秦汉时期。结合上表,具体就战国马陵之战中的弩,以及秦弩、汉弩展开分析:

其一,孙武后代孙膑承袭祖上兵学,入齐后通过"田忌赛马""围魏救赵"崭露头角,成为田忌的首席军师。公元前341 年,马陵之役爆发,魏惠王派遣太子申、庞涓为将,领十万大军迎击齐军,以寻求主力会战。齐军依孙膑计,避敌锋芒,"逐日减灶"造成士卒大量逃亡的"惧魏"假象,庞涓中计后抛弃主力步军,仅率轻锐冒进,进入马陵道(今河南范县西南)齐军伏击圈。①

于是令齐军善射者万弩,夹道而伏,期曰"暮见火

① 关于马陵之役的叙述,主要采自《史记·孙子吴起列传》,中华书局 2014年版,第 2634~2635;吴如嵩、黄朴民等:《中国军事通史·第三卷战国军事史》,军事科学院出版社 1998 年版,第 192~193 页;《中国历代战争史》第 2 册,中信出版社 2012 年版,第 113~114 页;杨宽:《战国史》,上海人民出版社 2016年版,第 372 页。

举而俱发"。庞涓果夜至斫木下，见白书，乃钻火烛之。读其书未毕，齐军万弩俱发，魏军大乱相失。庞涓自知智穷兵败，乃自刭，曰："遂成竖子之名！"

马陵之役是我国历史上著名的以少胜多、诱敌深入的伏击歼灭战。战国时期，天才的军事将领孙膑将其先祖《孙子兵法》的战争艺术完美地付诸实践。《孙子兵法》曰："百里而争利，则擒三将军；……五十里而争利，则蹶上将军，其法半至。"[①] 孙膑曰："兵法，百里而趣利者蹶上将，五十里而且趣利者军半至。"可谓一脉相承。经此一役，魏国元气大伤，一蹶不振，从此失去霸主地位。孙膑的巧妙布置，彰显了弩的神威，使之成为令人胆寒的利器。太史公司马迁如实地书写了这场战争，一句"齐军万弩俱发，魏军大乱相失"渲染了战国古战场紧张的气氛，营造出夜间伏击战惊心动魄的场面，彰显了孙膑巧妙的军事谋略，映衬出庞涓落魄的窘态，还原了弩杀敌于百步的神威。短短 12 个字，文字简洁，笔墨恰到好处。对读者而言，古兵弩的形象跃然心间，胜过万言繁杂琐碎之考证。

马陵之役在战国历史乃至整个中国战争史上都具有革命

① 刘春生校订：《十一家注孙子集校》，广东人民出版社 2019 年版，第 246、249 页。

性的战略意义。《中国历代战争史》中这样评价马陵之役：

> 孙膑之后退战略，与减灶骄敌以及马陵之设伏，乃
> 为一连串诱敌骄敌之行动，实为一整套之战略战术。不
> 直捣大梁，不能使庞涓回兵；不后退，不能在马陵之隘
> 路地形以设伏；不减灶不能使庞涓乘胜而骄，轻举锐进，
> 三者联合如环，诚如《孙子兵法》所说："善用兵者，
> 能使敌人前后不相及，众寡不相恃，贵贱不相救，上下
> 不相收。"魏兵虽多且强，将焉用之？真为千古战略之绝
> 作。……马陵之战，虽为魏国与齐国之战，然此战实为
> 秦国与中原历史之转捩点。假使魏惠王于胜韩回师以后，
> 控强兵于大梁。虽齐兵作诱敌之举，勿轻与追击，蓄猛
> 虎在山之势以制中原，则人将莫予害也。如此则魏之霸
> 业，或尚可维系数世而不堕。乃惠王不此之图，徒以愤
> 齐之一再干预三晋之事，增益庞涓之兵，使之击齐以求
> 一逞。此种愤而兴师，必致轻举妄动；庞涓又好大喜功，
> 骄矜狂妄，轻率前进以邀功为事。卒致马陵一战，丧师
> 辱国，不仅将晋国数十年来之霸业摧毁净尽；而对秦之
> 东方关隘已破，虎兕出柙，中原之形势突变，历史乃转
> 为另一时代。自此以后，三晋无复再有掩护中原之力，
> 中原诸侯遂日以防秦之入侵为事，纷纷扰扰一百二十余

年，而卒皆被并于秦，追原祸始，马陵之战实有以启之。
《孙子兵法》曰："主不可以怒而兴师；将不可以愠而致
战。"持盈保泰，古之所尚，后之主持国政者，对于国家
兴亡之决策，其慎之哉。①

乃知马陵之役在中国历史中的重要地位，实为后来秦军东
出一统中国的战略契机点。需要说明的是，在这场改变战
国历史格局的战争中，弩支配并且掌控了整个战斗过程，
起到了"主兵"甚至"独兵"的作用，在整个袭杀魏军的
过程中，弩的作用是无可替代的，同时也是逼杀庞涓的重
要兵器。"于是令齐军善射者万弩，夹道而伏……齐军万弩
俱发，魏军大乱相失"，司马迁寥寥数语，仅仅两个弩字，
便交代了战前齐军缜密的潜伏布置与等待魏军进入伏击圈
的紧张氛围；表现出战时矢如雨下、电光石火，魏军哀嚎
遍地、仓皇鼠窜的狼狈场景；反映出庞涓眼见首功一件，
却突然大厦崩塌、士卒阵亡殆尽的绝望心情。孙膑以万弩
"遂成竖子之名"。在上述《孙子吴起列传》关于马陵之役
的历史书写中，弩起到了推动故事情节向前进展、进入高
潮的重要作用。

①　《中国历代战争史》第 2 册，中信出版社 2012 年版，第 115~116 页。

其二，秦弩。战国时期，弩成为各诸侯国军队的主要兵器配置。《孙膑兵法》说道："卒已定，乃具其法，制曰：以弩次疾利，然后以其法射之。垒上弩戟分。"① 《六韬·虎韬·军用》说道："甲士万人，强弩六千，戟楯二千，矛楯二千，修治攻具、砥砺兵器巧手三百人。此举兵军用之大数也。"② 可见在当时军队各类兵器的普遍配置中，仅弩一种，就大约占据半壁江山，其他各种长短兵器合占一半。入秦以后，弩为秦军最常规、最重要之兵器。秦始皇陵兵马俑丛葬坑的发现提供了有力证据。秦俑坑出土箭镞近41000件，除铁镞2枚、铁铤铜镞5枚外，余为青铜镞，③ 弩机与木臂164件④。秦俑三坑的武士俑，包括步、车、骑三大兵种，其中步兵俑的数量最多，骑兵最少。步兵俑中有专司弓弩者，称为"射兵"。⑤ 射兵轻装上阵，不着甲胄。秦俑一号坑东端长廊部队的轻装袍俑，作面东的立姿横队，大部分右臂下垂，手作挟弓的半握姿势。在这片区域发现的兵器有：弓弩遗迹52

---

① 张震泽：《孙膑兵法校理》，中华书局1984年版，第43页。
② 徐勇主编：《先秦兵书通解》，天津人民出版社2002年版，第294页。
③ 王学理：《解读秦俑——考古亲历者的视角》，学苑出版社2011年版，第213页。
④ 王学理：《解读秦俑——考古亲历者的视角》，学苑出版社2011年版，第216页。
⑤ 王学理：《解读秦俑——考古亲历者的视角》，学苑出版社2011年版，第89页。

处、铜弩机 40 件、成束和零散的铜镞约合 112 簇、铜剑 4
件、剑的附件 22 件；铜钩（弯刀）2 柄、铜矛 1 柄、铜镦 6
件。这说明锋部的 204 尊着轻装的编制步兵是些执远射程兵
器的"弓弩手"。[1] 秦俑二号坑射击校场中，计有 126 尊持弓
弩、作转体立射的武士轻装步兵俑。[2]

图 2-16[3]　专家复原的　　　图 2-17[4]　专家复原的跪姿
　　　转体立射俑图　　　　　　　　控弩俑图

---

①　王学理：《解读秦俑——考古亲历者的视角》，学苑出版社 2011 年版，第 96
页。
②　王学理：《解读秦俑——考古亲历者的视角》，学苑出版社 2011 年版，第
199 页。
③　王学理：《解读秦俑——考古亲历者的视角》，学苑出版社 2011 年版，第 203 页。
④　王学理：《解读秦俑——考古亲历者的视角》，学苑出版社 2011 年版，第 203 页。

秦军弩兵强大，秦始皇陵兵马俑丛葬坑已是力证。《史记·秦始皇本纪》亦有秦强弩射巨鱼为旁证：

> 还过吴，从江乘渡。并海上，北至琅邪。方士徐市等入海求神药，数岁不得，费多，恐谴，乃诈曰："蓬莱药可得，然常为大鲛鱼所苦，故不得至，愿请善射与俱，见则以连弩射之。"始皇梦与海神战，如人状。问占梦，博士曰："水神不可见，以大鱼蛟龙为候。今上祷祠备谨，而有此恶神，当除去，而善神可致。"乃令入海者赍捕巨鱼具，而自以连弩候大鱼出射之。

由上文所述乃知，秦军装备了一种令诸侯胆寒的利器——连弩。秦统一天下后，士卒解甲归田，连弩竟成为捕鱼的工具。鲛，《汉语大字典》解释为"海中沙鱼"。"鲛"又写作"蛟"，《山海经》记载有"蛟"，郭璞注："蛟似蛇而四脚，小头细颈，有白瘿，大者十数围。卵如一二石瓮，能吞人。"[1] 刘瑞明先生认为"所谓蛟，是对鳄鱼的志怪说法"[2]。从徐市欺骗秦始皇的话来判断，徐市等出海所见当为沙鱼。当然，不论沙鱼还是鳄鱼，均为大型凶猛类善于攻击

---

[1] 刘瑞明编著：《〈山海经〉新注新论》，甘肃文化出版社 2016 年版，第 369 页。
[2] 刘瑞明编著：《〈山海经〉新注新论》，甘肃文化出版社 2016 年版，第 369 页。

的鱼种，徐市建议用连弩射之，可见连弩威力之大，也说明秦军确有这种连发机械装置。

弩在秦灭六国过程中一定是展示了令人恐怖的威力。早在秦昭襄王时期的长平之战中，就可见一斑。长平之战为秦昭襄王时期重要的东出战略战役之一，秦自孝公变法图强以来，一直图谋东进，所以客观上已与三晋势成水火，主力会战在所难免。是时，韩魏已衰，赵国方兴。公元前 260 年，秦赵两军为争夺韩之上党郡（治在今山西省晋城市）在长平（今山西省高平市）地区展开对峙。起初赵以廉颇为将，廉颇坚壁清野，秦军不克。两军对峙四月有余，后赵中秦反间之计起用马服君赵括，秦亦阴使武安君白起为将。白起佯败诱赵括出击，秦之奇兵二万五千人绝赵军之后，又五千骑绝赵壁间，遂将赵军一分为二，分割包围。赵军救援不济，秦则悉发河内年十五以上者奔赴长平前线，一场血腥的大规模围歼屠杀正式拉开序幕：

　　至九月，赵卒不得食四十六日，皆内阴相杀食。来攻秦垒，欲出。为四队，四五复之，不能出。其将军赵括出锐卒自搏战，秦军射杀赵括。括军败，卒四十万人降武安君。武安君计曰："前秦已拔上党，上党民不乐为秦而归赵。赵卒反覆。非尽杀之，恐为乱。"乃挟诈而尽阬杀之，遗其小者二百四十人归赵。前后斩首虏四十五万人。赵人大震。

长平之战是一场大规模的围歼战，换言之，亦是一场大规模的弩射杀战。上党之地形，为"由五台山脉、太行山脉、太谷山脉及中条山脉所构成之高台地[①]"。山地地形，沟壑纵深，林木茂盛，极易围歼伏击，故不易于钩戟长铩等长兵相击，却利于弓矢类射兵作战。从这个意义上讲，长平之战与此前的马陵之役在战略思想、战术布置与兵器配给上有着异曲同工之妙。赵军自武灵王胡服骑射以来，军威日盛，堪比马陵之魏军。赵括大军被围，已陷死地，必做困兽之斗，呈鱼死网破之势，反复突围，"四五复之"而终不能出。如果不是秦弩之威力，赵军或许能够寻得一线生机。

前引《白起列传》寥寥数语，描绘出长平古战场之残酷、冷血：赵军分为四队，赵括身先士卒，仰攻而上，竭力厮杀，拼死突围；秦军据垒而守，居高临下，万弩俱发，矢如雨下。密如暴雨般的弩箭倾泻而下，不仅吞噬了赵括、赵卒的肉体，更摧毁了他们的战斗意志，弩再次成为战场的主角，长平之战也成为太史公笔下最为杰出的战争书写之一，

---

① 《中国历代战争史》第 2 册，中信出版社 2012 年版，第 191 页。

同时也烘托出两千多年以来白起在文学书写中的战神形象。

秦军射杀赵括和横扫六国的主要抛射兵器，从秦兵马俑的阵型排列和文献记载来看，当为弩。

《战国策·赵策一》：

> 秦尽韩、魏之上党，则地与国都邦属而壤挈者七百里。秦以三军强弩坐羊肠之上，即地去邯郸二十里。且秦以三军攻王之上党而危其北，则句注之西，非王之有也。

《战国策·燕策二》：

> 秦正告魏曰："我举安邑，塞女戟，韩氏、太原卷。我下枳，道南阳、封、冀、包两周，乘夏水，浮轻舟，强弩在前，铦戈在后，决荥口，魏无大梁；决白马之口，魏无济阳；决宿胥之口，魏无虚、顿丘。陆攻则击河内，水攻则灭大梁。"魏氏以为然，故事秦。

其三，汉弩。汉承秦制，兵器亦然。汉弩在与游牧弓马的对抗当中丝毫不落下风。《史记·李将军列传》记载了李广将军充满传奇色彩的战斗的一生，我们知道"广家世世受射"，弓马娴熟，前文已叙，此处不再赘述。需要说明的是，李广不但擅长引弓，亦熟悉弩的操作。《李将军列传》记载了元狩二年（前121）李广率子李敢及四千将士出右北平，不料与十倍于己的匈奴主力遭遇，汉军皆惶恐，李广指挥若定，安抚军心，并令其子仅率数十骑深入敌阵，探查敌情，随即做出战术部署：

> 广为圜陈外向，胡急击之，矢下如雨。汉兵死者过半，汉矢且尽。广乃令士持满毋发，而广身自以大黄射其裨将，杀数人，胡虏益解。会日暮，吏士皆无人色，而广意气自如，益治军。军中自是服其勇也。明日，复力战，而博望侯军亦至，匈奴军乃解去。

从这场局部围歼战来看，匈奴军十倍于汉军，占有绝对主动权，李广军随时有全军覆没的可能。《孙子兵法》云："故用兵之法，十则围之，五则攻之，倍则分之，敌则能战之，少则能逃之，不若则能避之。"[1] 常年行走围猎的匈奴人不会不谙熟这一战术原则，而李广则采取死守待援之战术策略。在攻与守、多与寡、强与弱的对峙中，汉军伤亡过半。矢尽粮绝之际，李广展示出超人的勇气、过硬的心理素质和

---

[1] 刘春生校订：《十一家注孙子集校》，广东人民出版社2019年版，第100~107页。

精湛的射术。"广身自以大黄射其裨将，杀数人，胡虏益解"，大黄，徐广、裴骃、司马贞等晋唐学者考订为弩之名称。可见，李广实为弓弩双通。由此推之，《汉志·兵书略·兵技巧》所录《李将军射法》三篇，不啻为弓之射法，亦当有弩之射法。上述文献记载真实还原了古战场的残酷，再现了李广的骁勇，尤其是"大黄之射"，为汉军成功赢得了时间，使主力回援，转危为安。《汉书·李广传》对此役亦有载，文与太史公文同，关于大黄，汉唐学者服虔、孟康、晋灼、颜师古亦考订为弩之名称。①

汉弩在与游牧者弓马的博弈中常常是处于优势的。《史记·大宛列传》记载了太初元年、二年（前104、前103）汉军讨伐大宛的战争。大宛地处帕米尔高原西麓，今中亚费尔干纳盆地一带，水草丰美，其地多产葡萄，多酿葡萄酒，多名贵马匹。汉武帝欲取得大宛宝马，曾遣使讨要，遭拒，汉使亦被杀戮。武帝大怒，命贰师将军李广利率领六千骑兵，以及"恶少年"数万人讨伐之。出征前，姚定汉等曾经出使过大宛的人进言道："宛兵弱，诚以汉兵不过三千人，强弩射之，即尽虏破宛矣。"② 这显然是对汉军与汉弩的绝对自信，此前已有浞野侯赵破奴七百骑破楼兰之役，姚定汉此话不为

---

① 〔汉〕班固：《汉书》，中华书局 1962 年版，第 2445 页。
② 〔汉〕司马迁：《史记》，中华书局 2014 年版，第 3853 页。

过。不过，事实证明，汉弩固然神武，但汉廷却忽略了大宛遥远的军事距离。我们知道，讨伐大宛要横贯茫茫新疆全境，此非位于塔里木盆地东端的楼兰可比，所以汉军劳师远征，将士十之八九死于途中。李广利被迫退回敦煌郡休整，并上书言："道远，多乏食；且士卒不患战，患饥。人少，不足以拔宛。愿且罢兵，益发而复往。"① 后汉廷增兵六万，"牛十万，马三万余匹，驴骡橐它以万数。多赍粮，兵弩甚设……"② "于是贰师后复行，兵多，而所至小国莫不迎，出食给军。至仑头，仑头不下，攻数日，屠之。自此而西，平行至宛城，汉兵到者三万人。宛兵迎击汉兵，汉兵射败之，宛走入葆乘其城。"③ 可见汉弩果然名不虚传。从此次备战、出师、休整、再出师的战争经过与姚定汉的言论来看，汉弩是汉廷平定西域、维护丝路畅通的神兵利器。

这一神兵利器主要还是扬名于漠北之汉匈之战。武帝时期，汉匈主力决战多年。由于材料匮乏，已无法具体考证卫青、霍去病两位主帅如何排兵布阵，以及如何使用弩兵。但李陵一役可援以为证，予以启发。

天汉元年（前100），已经破裂的汉匈关系雪上加霜，苏

---

① 〔汉〕司马迁：《史记》，中华书局2014年版，第3854页。
② 〔汉〕司马迁：《史记》，中华书局2014年版，第3854页。
③ 〔汉〕司马迁：《史记》，中华书局2014年版，第3855页。

武出使匈奴被扣，但始终坚贞不屈，保持气节。天汉二年（前99），武帝命贰师将军李广利为帅，率三万骑自酒泉出发，进军匈奴天山腹地，剑锋直指右贤王部。飞将军李广之孙，善骑射、曾经"将八百骑，尝深入匈奴二千余里，过居延视地形……"①的李陵拒绝为李广利大军担任辎重官，毛遂自荐，坚决要求仅率五千步卒迎战匈奴主力。武帝壮其英勇，欣然允诺。李陵对所部五千勇士是很有信心的，他曾言道："臣所将屯边者，皆荆楚勇士奇材剑客也，力扼虎，射命中……"②再加上汉军的强弩，李陵如虎添翼。李陵率五千步卒过河西、越居延海遮虏障，北行三十余日，行程数千里，抵达浚稽山（今内蒙古居延海以北，蒙古国南部鄂洛克泊以南）。不料李广利等五路汉军主力遍寻无果，而作为偏师的五千步卒之李陵军竟与匈奴单于主力三万余人不期而遇。

单于三万骑兵如同围猎一般迅速将李陵军包围，汉匈战争史上最血腥、最悲壮的游牧与农耕、弓与弩、骑兵与步卒之间的浚稽山之战拉开了帷幕：面对六倍于己的敌军，李陵没有畏惧，迅速进行战术布置，他指挥部队"军居两山间，以大车为营。陵引士出营外为陈，前行持戟盾，后行持弓

① 〔汉〕班固：《汉书》，中华书局 1962 年版，第 2451 页。
② 〔汉〕班固：《汉书》，中华书局 1962 年版，第 2451 页。

弩……"① 游牧者的围猎开始了,三万骑兵飞驰而来,汉军沉着应对,"陵搏战攻之,千弩俱发"②,匈奴"应弦而倒"③。匈奴骑兵首轮进攻遇到巨大阻碍,在强弩的射击之下,人仰马翻,魂飞魄散,纷纷逃窜。汉军乘势反攻,用手中的强弩射出一支支愤怒的箭矢,收割着游牧者的性命。两军首次交锋便以匈方折损数千人而宣告结束,浚稽山战役第一阶段落下帷幕。

接着,"单于大惊,召左右地兵八万余骑攻陵。陵且战且引,南行数日,抵山谷中。连战,士卒中矢伤,三创者载辇,两创者将车,一创者持兵战。……明日复战,斩首三千余级"④。此为浚稽山战役第二阶段,匈奴单于恼羞成怒,增兵至八万,对李陵军进行围剿。可以说此时的李陵军,吸引的不仅仅是单于主力,而是整个"引弓之民"的倾国骑兵了,假若此时李广利等汉军主力能够及时赶到,则可毕其功于一役,汉军完全可以里应外合,强弩夹攻。李陵免去族诛之罪,太史公也可不受宫刑之辱。这一阶段,李陵依然凛然无惧,指挥部队且战且退,凭借威力强大的弩,再次给匈奴人造成

---

① 〔汉〕班固:《汉书》,中华书局 1962 年版,第 2452 页。
② 〔汉〕班固:《汉书》,中华书局 1962 年版,第 2453 页。
③ 〔汉〕班固:《汉书》,中华书局 1962 年版,第 2453 页。
④ 〔汉〕班固:《汉书》,中华书局 1962 年版,第 2453 页。

巨大伤亡。李陵指挥部队且战且退，退入山谷布防，并且妥善处理伤员，随即又斩杀数千匈奴兵。

战役第三阶段，由于汉军伤员增加、粮草箭矢逐渐减少，李陵领兵战术撤退：

> 引兵东南，循故龙城道行，四五日，抵大泽葭苇中，虏从上风纵火，陵亦令军中纵火以自救。南行至山下，单于在南山上，使其子将骑击陵。陵军步斗树木间，复杀数千人，因发连弩射单于，单于下走。①

当天战斗中俘虏的匈奴士兵言单于曾曰："此汉精兵，击之不能下，日夜引吾南近塞，得毋有伏兵乎?"② 还言匈奴各部落首领说道："单于自将数万骑击汉数千人不能灭，后无以复使边臣，令汉益轻匈奴。复力战山谷间，尚四五十里得平地，不能破，乃还。"③ 这一阶段，李陵采取了边打边退的战术，以退促打，以打保退，这样使得全军有序撤退，不至于溃散而逃。汉军沿龙城（在今蒙古国鄂尔浑河西侧和硕柴达木湖附近）故道南退，其战略目的在于牢牢吸住匈奴单于及其麾

---

① 〔汉〕班固:《汉书》，中华书局 1962 年版，第 2453 页。
② 〔汉〕班固:《汉书》，中华书局 1962 年版，第 2453 页。
③ 〔汉〕班固:《汉书》，中华书局 1962 年版，第 2453 页。

下八万主力，渐近汉境，以期李广利等五路汉军主力能够从外围对匈奴军实施反包围，从而全歼，可惜这一战略构想未能实现。李陵军南撤四五日，进入一片芦苇荡中，匈奴军尾随而至，放火烧汉军，李陵军遂放火自救，化险为夷。与此同时，直接狙杀匈奴单于的"斩首行动"已在李陵心中萌生：单于位居南山，居高临下，指挥大军围猎，甚至单于之子亦亲自披挂上阵，但单于显然忽略了汉弩的射程和威力。汉军在树林中以短兵相接的方式再次杀敌数千之后，连弩狙发，箭锋直指单于，单于侥幸活命，仓皇而逃。从《汉书》的字里行间可以看出，这次"斩首行动"是李陵势穷之时的孤注一掷，同时也是经过缜密策划的，先引匈奴兵进入树林间，以汉兵擅长的步战方式歼敌数千人，从而引起单于注意，然后施以冷箭实施狙杀。这一壮举在西汉帝国与匈奴帝国的交战史上是绝无仅有的，甚至在中原文明与草原文明千年的战争史中也是独一无二的。没有过硬的军事素质和强大的军事装备（弩）是无论如何也不会制定这一军事计划的，汉弩之强果然名不虚传，这也是最好的力证。经南山一吓，单于已有退兵之意，若非后来汉军出现叛徒，浚稽山战役当以李陵军获胜而结束，若如此，此役又将成为世界战争史、兵器史上一段以寡胜众的传奇。

此役第四阶段，亦为浚稽山战役最为悲壮与传奇的部分。由于叛徒的出卖，李陵军功亏一篑。当时战斗已经进入最为惨烈的白热化阶段，《汉书》中有很精彩的描述，兹录于下：

　　是时陵军益急，匈奴骑多，战一日数十合，复伤杀虏二千余人。虏不利，欲去，会陵军候管敢为校尉所辱，亡降匈奴，具言："陵军无后救，射矢且尽，独将军麾下及成安侯校各八百人为前行，以黄与白为帜，当使精骑射之即破矣。"成安侯者，颍川人，父韩千秋，故济南相，奋击南越战死，武帝封子延年为侯，以校尉随陵。单于得敢大喜，使骑并攻汉军，疾呼曰："李陵、韩延年趣降！"遂遮道急攻陵。陵居谷中，虏在山上，四面射，矢如雨下。汉军南行，未至鞮汗山，一日五十万矢皆尽，即弃车去。士尚三千余人，徒斩车辐而持之，军吏持尺刀，抵山入峡谷。单于遮其后，乘隅下垒石，士卒多死，不得行。昏后，陵便衣独步出营，止左右："毋随我，丈夫一取单于耳！"良久，陵还，大息曰："兵败，死矣！"军吏或曰："将军威震匈奴，天命不遂，后求道径还归，如浞野侯为虏所得，后亡还，天子客遇之，况于将军乎！"陵曰："公止！吾不死，非壮士也。"于是尽斩旌旗，及珍宝埋地中，陵叹曰："复得数十矢，足以脱矣。

今无兵复战，天明坐受缚矣！各鸟兽散，犹有得脱归报天子者。"令军士人持二升糒，一半冰，期至遮虏鄣者相待。夜半时，击鼓起士，鼓不鸣。陵与韩延年俱上马，壮士从者十余人。虏骑数千追之，韩延年战死。陵曰："无面目报陛下！"遂降。军人分散，脱至塞者四百余人。①

在最后的战斗中，我们再次见证了汉弩的神威。此刻面对十六倍于己的敌兵，汉军于一日之内射出五十万支箭矢。即使在最后的突围战中，李陵也感叹道，如果能再有几十支箭矢，就可成功突围。

纵观整场浚稽山战役，汉匈双方均尽己之所能，亦尽己之兵器之所能，客观上可视为人类战争史乃至人类兵器史上农耕文明与游牧文明、弓马骑射与弓弩步阵的典型碰撞。匈奴方面，几乎倾举国之力，发引弓之民、尽控弦之士，对李陵军进行包围、蚕食、尾追、总攻。这场持续了数日的战役，从浚稽山包围开始，匈奴军团就一直保持着其围猎的战略特点，尽管骑射屡屡受挫，但包围圈始终如故，且随汉军南撤而南，从浚稽山一直南追至鞮汗山（在

---

① 〔汉〕班固：《汉书》，中华书局 1962 年版，第 2454~2455 页。

今蒙古国达兰扎达加德西南），行程千里，围猎如故。前文述及弓箭部分已有论述，长期的逐水草而居、经年的走马围猎生活使得游牧骑兵的围歼战术无师自通，无须专门的军事训练，对他们而言，无论是"白登之围"，还是"浚稽山之围"，均是一场大型的围猎实践，只需用弓箭不断蚕食"猎物"即可。我们看到，即便是汉军叛徒管敢也向单于建言"当使精骑射之即破矣"。后来，汉军终于在匈奴骑兵"四面射，矢如雨下"且孤立无援的情况下全线崩溃。西汉方面，亦将己方国力之强、装备之强发挥至极限。在战役中，李陵军团将汉军步卒的优势发挥得淋漓尽致。李陵军团的步卒，均是来自荆楚地区的猛士，这些步卒在河西酒泉、敦煌地区进行集训，个个都是"手格虎、射必中"的特种兵，在整场战役中，面对十几倍于己的游牧骑兵，在"矢如雨下"的恶劣环境中，他们表现出了极强的军事素质和心理素质，在逐步南撤时，阵型始终如一，没有溃散，并且充分使用弩和近身格斗术消耗着匈奴军队，致使单于恼羞成怒，以至于命其子亲自督战。在一定意义上甚至可以说，浚稽山战役是一场没有胜利者的战役，抑或是双赢或者双输的战役：从战略上说，汉军劳师远征，五路大军失道，始终未能寻得匈奴主力，错失了决战良机；唯李陵五千偏师与单于鏖战数日，终为骑射所破。汉武帝未能实现其全歼匈奴主力的战略构想，反而折损两员悍将，失去五千特种部队，损耗大量车马箭矢钱粮器械，得不偿失，故在战略意义上浚稽山战役以西汉帝国失败而告终。正如十数年后已降匈奴的李陵在《答苏武书》①中说道：

> 昔先帝授陵步卒五千，出征绝域，五将失道，陵独遇战。而裹万里之粮，帅徒步之师，出天汉之外，入强胡之域。以五千之众，对十万之军，策疲乏之兵，当新羁之马。然犹斩将搴旗，追奔逐北，灭迹扫尘，斩其枭帅。使三军之士，视死如归。陵也不才，希当大任，意谓此时，功难堪矣。匈奴既败，举国兴师，更练精兵，强逾十万。单于临阵，亲自合围。客主之形，既不相如；步马之势，又甚悬绝。疲兵再战，一以当千，然犹扶乘创痛，决命争

---

① 关于李陵《答苏武书》的真伪问题学界争论已久，是真是伪众说纷纭，莫衷一是。丁宏武认为，该书应为李陵的可信之作。[丁宏武：《李陵〈答苏武书〉真伪再探讨》，载《宁夏大学学报》(人文社会科学版) 2012 年第 2 期] 王琳认为，该书当为汉末魏晋人伪托之作。[王琳：《李陵〈答苏武书〉的真伪》，载《山东师范大学学报》(人文社会科学版) 2006 年第 3 期] 章培恒、刘骏认为，该书作伪的证据不能成立。[章培恒、刘骏：《关于李陵〈与苏武诗〉及〈答苏武书〉的真伪问题》，载《复旦学报》(社会科学版) 1998 年第 2 期] 刘国斌也认为，现有材料不足以证该书之真伪。(刘国斌：《〈答苏武书〉的几则证伪材料及其辨析》，载《学习月刊》2008 年第 10 期下半月) 笔者认为，无论《答苏武书》是真是伪，从对浚稽山战役的叙述来看，尽管行文为骈体，但对战争史实的书写与《汉书》记载吻合，故不影响其作为该战役的史料来源。

首，死伤积野，余不满百，而皆扶病，不任干戈。然陵振臂一呼，创病皆起，举刃指虏，胡马奔走；兵尽矢穷，人无尺铁，犹复徒首奋呼，争为先登。当此时也，天地为陵震怒，战士为陵饮血。单于谓陵不可复得，便欲引还。而贼臣教之，遂便复战。故陵不免耳。①

就战术而言，西汉帝国成了此役的受益者。此役鏖战数日，李陵军团成功地吸引了匈奴主力、举国之兵，并将战线成功南移，给单于造成了巨大的恐慌，使匈奴内部各部落首领与单于间产生了强大的离心力。就战损率而言，数日鏖战，李陵军团以"杀数千人""斩首三千余级""复杀数千人""复伤杀虏二千余人"造成匈奴万人左右的伤亡，而在矢尽粮绝之后"士尚三千余人"。根据《李陵传》的记载，我们估算，浚稽山战役汉匈双方的战损比为1∶5，甚至更高，这在中国战争史乃至世界战争史上都是一个军事奇迹，诚可与后世之"官渡之战""夷陵之战""淝水之战"相媲美，只是由于汉军在战略上的失败，所以后世忽略了此役在战术上的巨大胜利。即便在当时，西汉朝廷内部也鲜有为人臣者认识到这一点，唯有太史公肯定了此役在战术上的巨大胜利，司

---

① 〔南朝梁〕萧统编，〔唐〕李善注：《文选》，上海古籍出版社1986年版，第1848~1850页。

马迁深切地对汉武帝说道：

> 陵事亲孝，与士信，常奋不顾身以殉国家之急。其素所畜积也，有国士之风。今举事一不幸，全躯保妻子之臣随而媒蘖其短，诚可痛也！且陵提步卒不满五千，深鞣戎马之地，抑数万之师，虏救死扶伤不暇，悉举引弓之民共攻围之。转斗千里，矢尽道穷，士张空拳，冒白刃，北首争死敌，得人之死力，虽古名将不过也。身虽陷败，然其所摧败亦足暴于天下。彼之不死，宜欲得当以报汉也。①

李陵军团"所摧败亦足暴于天下"的这一壮举，就是由西汉帝国强大的国防实力和汉军所配置的强弩带来的。两汉时期，弩成为军队的主要兵器，其地位远超戟和刀剑。西汉步兵被称作"材官"，对材官的训练则以迅速掌握弩射为主，戍边部队则更加重视弩的训练。根据居延汉简记载，戍边部队每年举行弩射击考试——"秋射"。考核规则规定：弩射的距离为120步，每人发12矢，中6矢算及格。考核优胜者被"赐劳"，记录在案。汉代对"秋射"劳绩，不限于物质

---

① 〔汉〕班固：《汉书》，中华书局 1962 年版，第 2455～2456 页。

奖励，赐以钱帛，更重要的是作为"升迁"的重要依据。①
东汉刘熙《释名》对弩做了形象的总结："弩，怒也，有势
怒也。其柄曰臂，似人臂也。钩弦者曰牙，似齿牙也。牙外
曰郭，为牙之规郭也。下曰悬刀，其形然也。合名之曰机，
言如机之巧也。亦言如门户之枢机，开阖有节也。"② 北宋时
期曾公亮、丁度等人奉敕撰修的《武经总要》亦曰：

> 弩者，中国之劲兵，四夷所畏服也。古者有黄连、百
> 竹、八檐、双弓之号，绞车、擘张、马弩之差，今有叁弓、
> 合蝉、手射、小黄，皆其遗法。若乃射坚及远，争险守隘，
> 怒声劲势，遏冲制突者，非弩不克。然张迟难以应卒，临敌
> 不过三发、四发，而短兵已接，故或者以为战不便于弩。然
> 则非弩不便于战，为将者不善于用弩也。唐诸兵家，皆谓弩
> 不利于短兵，必以张战大牌为前列以御奔突，亦令弩手负刀
> 棒，若贼薄阵，短兵交，则舍弩而用刀棒，与战锋队齐入奋
> 击；常先定驻队人收弩（恐弩临时遗损）。近世不然，最为
> 利器。五尺之外，尚须发也，故弩当别为队，攒箭驻射，则
> 前无立兵，对无横阵。若虏骑来突，驻足山立，不动于阵

---

① 薛英群：《居延汉简通论》，甘肃教育出版社1991年版，第297~299页。
② 〔汉〕刘熙：《释名·释兵》，中华书局2020年版，第99页。

前，丛射之中，则无不毙踣。骑虽劲，不能骋，是以戎人畏
之。又若争山、夺水、守隘、塞口、破骁、陷勇，非弩不
克。用弩之法，不可杂于短兵，尤利处高以临下，但于阵中
张之，阵外射之，进则蔽以旁牌，以次轮回，张而复入，则
弩不绝声，则无奔战矣。①

需要说明的是，李陵军团可以压制高速冲锋的匈奴骑兵，
得益于汉弩的射程超过了匈奴弓箭的射程。现代人对弓和弩
在射程、杀伤力等方面进行了精确测试，经过测试，弓的初
速是 35.9 米每秒，弩的初速则达到了 42.4 米每秒，再加上
对风速、湿度、射击角度等情况的计算，弓的射程可达 125
米，而弩的射程可达 180 米。② 那么，弩的单位射速是否能够
应对匈奴战马的冲刺速度呢？现代学者计算，当一匹战马做
全力冲刺时，时速可达 60 公里，如果按 600 米的作战距离计
算，匈奴骑兵仅需 40 秒就可冲至汉军阵前，而汉卒完成一次
弩射的战术动作则需要 45 秒，因此弩将失去其固有的优势。③

---

① 《中国兵书集成》编委会编：《中国兵书集成 3·武经总要》，解放军出版
社、辽沈书社 1988 年版，第 103~104 页。
② 金铁木主编：《中国古兵器大揭秘·军团篇》，陕西人民出版社 2016 年版，
第 74 页。
③ 金铁木主编：《中国古兵器大揭秘·军团篇》，陕西人民出版社 2016 年版，
第 75 页。

时过境迁，今天的数据未必等同于两千年前的漠北古战场，但应大体不差。我们知道，弓箭的战术动作相对简单，大体上由引弓、控弦、放矢一气呵成，而弩的战术动作则要复杂得多，大体分为三类：腰引、蹶张与擘张。所谓腰引，即坐地足蹬弓臂，使弦扣弩机之上，从而完成射击准备，如图：

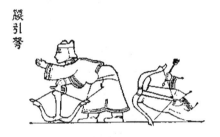

图 2-18① 汉代腰引弩战术动作图

所谓蹶张，即立地手足并用，完成战术动作，如图：

图 2-19② 汉代蹶张弩战术动作图

---

① 孙机：《汉代物质文化资料图说》，文物出版社 1991 年版，第 143 页。
② 孙机：《汉代物质文化资料图说》，文物出版社 1991 年版，第 143 页。

所谓擘张，即以手开弩，完成战术动作。但此种弩为小弩，射程较短，不宜野战，更不宜对阵骑兵，如图：

图 2-20①　汉代擘张弩战术动作图

通过上引汉代画像可以明确知道腰引弩和蹶张弩的战术动作需要手足并用，很显然这种战术动作是不可能在马背上完成的，故它只适用于步兵。而如此复杂的战术动作怎样才能保证在匈奴骑兵冲至阵前便将他们射杀呢？由于汉代具体行军布阵资料的匮乏，我们只能根据宋代《武经总要》做适当合理的推测，李陵军团的弩手应当是采用了"三段连射"阵法。绘图如下：

① 孙机：《汉代物质文化资料图说》，文物出版社 1991 年版，第 143 页。

	○	○	○		○		○		○	发弩人
○		○		○		○		○		进弩人
	○	○		○		○		○		张弩人

图 2-21①　"三段连射"示意图

　　根据上图，我们可对李陵军团弩杀匈奴骑兵的激烈战斗场面做适度还原：当匈奴骑兵高速冲锋之时，第一排发弩人齐射。

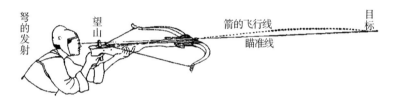

图 2-22②　弩的发射图

　　射毕，第一排发弩人迅速直线后撤至第三排；同时，第二排进弩人前进至第一排，第三排张弩人前进至第二排。整个过程如流水线作业般循环往复，滴水不漏，始终保持着阵地前沿高密度的火力网。我们具体绘制如下：

---

　　①　此图根据《武经总要》前集教弩法绘制。参见《中国兵书集成》编委会编《中国兵书集成3·武经总要》，解放军出版社、辽沈书社1988年版，第104～105页。

　　②　孙机：《汉代物质文化资料图说》，文物出版社1991年版，第143页。

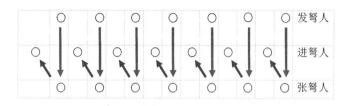

图 2-23①　"三段连射"战术走位示意图

小　结

本章主要叙述了《史记》当中的抛射类兵器弓和弩，前引《吴越春秋》已言"弩生于弓，弓生于弹，弹生于孝子"。可知，弓弩同源，其实都是保存自己、消灭敌人的远程控制兵器。当然，《史记》中对弓、弩的书写已经远远超越了兵器本身的价值，更代表着游牧与农耕两大文明最先进的生产技术，反映了司马迁兼容并蓄的历史眼光，以及博大的民族史观。司马迁首创民族史传，详列民族史事，自先秦以来无出其右者。对华夏民族的史官而言，这是一件开天辟地的大事。应该说，自管仲"尊王攘夷"以来，中原与草原的交往便是一部战争史，昔有管仲"尊王攘夷"、秦穆公"血战西戎"、秦昭襄王"收服义渠"、李牧"北拒匈奴"，今有汉匈

_____

①　此图根据《武经总要》前集教弩法绘制。参见《中国兵书集成》编委会编《中国兵书集成 3 · 武经总要》，解放军出版社、辽沈书社 1988 年版，第 104～105 页。

百年之战，这些内容都被写进《史记》当中。从这个意义上说，《史记》亦是最早的民族史。在司马迁之前的众多古代典籍中，虽然也不乏对少数民族的记载，然而，一方面这些记述都只不过是只鳞片羽，缺乏系统性、完整性；另一方面，这些典籍和儒家代表人物，都宣扬"夷夏之辨"，强调"夷夏大防"，鼓吹"戎狄是膺，荆舒是惩"。①

在不同地域民族间的交往中，战争往往是最直接的方式。从这个意义上说，《史记》又是最早的一部民族战争史。在《殷本纪》《周本纪》《秦本纪》《武帝本纪》《李将军列传》《卫将军骠骑列传》等篇中，都可以看到华夏民族与周边民族，尤其草原民族的战争接触。显而易见，兵器是战争中最直接的对话工具，弓和弩则分别成了游牧兵器和农耕兵器的代言人，也成为各自战争文化的名片。这两种战争文化的博弈，自《史记》有系统地肇其端，历代史书不绝。从这个意义上说，《史记》亦是系统论述草原与弓箭文明的滥觞，这也正是《史记》的兵器文化价值之所在。这两种兵器的对抗与较量究竟孰胜孰负、孰优孰劣，西汉时人晁错在上文帝的《言兵事疏》中精辟地指出：

---

① 池万兴：《司马迁民族思想研究》，上海古籍出版社 2013 年版，第 92 页。

今匈奴地形技艺与中国异。上下山阪，出入溪涧，中国之马弗与也；险道倾仄，且驰且射，中国之骑弗与也；风雨罢劳，饥渴不困，中国之人弗与也：此匈奴之长技也。若夫平原易地，轻车突骑，则匈奴之众易挠乱也；劲弩长戟，射疏及远，则匈奴之弓弗能格也；坚甲利刃，长短相杂，游弩往来，什伍俱前，则匈奴之兵弗能当也；材官驺发，矢道同的，则匈奴之革笥木荐弗能支也；下马地斗，剑戟相接，去就相薄，则匈奴之足弗能给也：此中国之长技也。以此观之，匈奴之长技三，中国之长技五。陛下又兴数十万之众，以诛数万之匈奴，众寡之计，以一击十之术也。①

上文所言汉匈双方之军事优势，不仅是装备的不同，更是游牧民与农耕民之战争思维的不同与生活方式的不同。晁错认为，匈奴的军事优势在于：第一，马种优良，中原地区的战马不及也；第二，匈奴军队弓马娴熟，汉军不及也；第三，匈奴骑兵具备长途跋涉、旷日持久骑行不下马的能力，汉军不及也。而汉军的军事优势在于：其一，车兵与骑兵的娴熟配合，可扰乱匈奴军阵；其二，弩与戟的优良性能，尤其弩

---

① 〔汉〕班固：《汉书》，中华书局 1962 年版，第 2281 页。

的超远射程，是"引弓之民"的弓难以望其项背的；其三，两军进入短兵相接的白刃战之后，汉军武器繁多，配合熟练，这是匈奴军队无法做到的；其四，汉军步卒万弩齐发，匈奴军队简易而原始的甲胄和盾牌是无法阻挡的；其五，匈奴军队一旦下马，其步战能力是无法和汉军相提并论的。

由此观之，匈奴军队的优势乃是所有草原骑兵的优势，具有游牧者的天然性和自然性。这种优势是与游牧者的生产生活方式息息相关的，即无须进行专门的军事素质训练。广袤的欧亚草原成为天然的牧场，在没有天灾人祸的时候，它为游牧者提供了源源不断的优良战马。"儿能骑羊，引弓射鸟鼠；少长则射狐兔"的成长方式使全民成为神箭手。匮乏的物质资料和逐水草而居的生活方式磨炼了游牧者的意志，使之成为能够在马背上奔驰数日、水米不进、不眠不休的战士。而上述中原军队的优势则带有色彩浓重的专制性和纪律性。中原士卒原本为各自家乡的农民，生活方式以农业种植为主，能熟练掌握"锄耰棘矜"这些生产工具。换言之，对农具的熟练使用和常年的劳作生活使得中原士卒拥有强健的脚力和短兵相接的搏斗能力，这使得中原军队不惧怕白刃战与赤手搏斗。

由于长城以南并非天然的牧场，加之农业生产的作业方式，农民出身的士兵先天对马的驾驭生疏，因此中原部队自战国以后就以步兵为主、骑兵为辅。为了克制草原骑兵的冲击，弩这种带有半自动装置的兵器应运而生。这一观点前文已述，这里不再赘述。为了使农民出身的士卒在战场上做到纪律森严、整齐划一（如前所述弩"三段连射"之阵形，如纪律涣散、杂乱无章则面临被敌吞灭之危险），则必须有一个强有力的指挥官乃至中央政府。① 总之，弓箭与弩的较量已经不仅仅是两种兵器的较量，更代表着两种生产生活方式乃至其背后的政权组织制度的较量。

当然，晁错目光如炬、分析精辟，但毕竟有时代的局限性。晁错或许想不到在其身后两三个世纪之后，一件小器物的发明，彻底颠覆了《言兵事疏》中汉匈双方的对比优势。这件器物就是马镫②。马镫的出现对骑兵的改变是革命性的，在高速奔跑中，骑兵无须腾出一只手来死死勒住马缰，也无需用双腿紧紧夹住马腹，以保证安全。骑兵的双手得到彻底

---

① 美国学者魏特夫在《东方专制主义》一书中指出，大禹治水这种集体化、高密度的作业方式导致了中国大陆专制强权和官僚设置细密化的诞生。参见卡尔·A. 魏特夫著，徐式谷等译《东方专制主义》，中国社会科学出版社 1989 年版。笔者认为，弩在战场上的使用是比治水更加精细化、纪律化的作业方式，需要更强有力的统一指挥。大约战国中期以后，各诸侯国中央集权的加强或许与这一时期系统化的弩兵的出现有关。

② 目前已知，世界上最早的有明确纪年的双马镫实物为辽宁省博物馆藏北燕冯素弗墓出土的铜鎏金木芯马镫。参见杨泓《冯素弗墓马镫和中国马具装铠的发展》，载《辽宁省博物馆馆刊》（2010）。可知，至迟至五世纪初，双马镫已在中国骑兵中普及。

的解放，骑射的方式从此不局限于短时间内的脱手射箭，射箭的频率大大增加。由于马镫保证了骑士的安全，所以他们可以在马背上大幅度使用格斗类兵器。同时，骑兵可以双脚站立于马镫上进行站立式射箭，由于借助了脚力、腿力、腰力，弓箭的射程已经远远超过了无马镫时代仅凭臂力放箭的距离。如此一来，骑兵既可远距离地骑射，亦可大幅度地挥舞兵器进行近距离搏斗。因此，晁错所言中原军队的优势除下马步战外，其他基本丧失殆尽。这或许是自汉代以后中原步兵再无力"远征漠北、夺取祭天金人"在兵器上的原因吧。

此后一千多年，弓与弩、游牧与农耕的对抗仍在继续，司马迁的首创之功意义深远。

第三章
载戢干戈——格斗类长兵

第一节　戟：汉兵的辉煌

两军相接，远则弓弩，近则钩戟长铩，贴身则刀剑锥刺，这是冷兵器时代战场上古兵使用的普遍原则。虽然参战军队总是喜欢使用抛射类兵器，远距离解决对手，以求保全自己，但短兵相接的方式在战争中总是难以避免的。戈和戟是我国上古、中古战争史上最具有农耕民族特色的古兵。

《史记》中的戟

序号	出处	修订本页码
1	卷六《秦始皇本纪》 　　秦并兼诸侯山东三十余郡，缮津关，据险塞，修甲兵而守之。然陈涉以戍卒散乱之众数百，奋臂大呼，不用弓戟之兵，锄檑白梃，望屋而食，横行天下。	第349页
	《秦始皇本纪》 　　秦人阻险不守，关梁不阖，长戟不刺，强弩不射。楚师深入，战于鸿门，曾无藩篱之艰。	第349页
	《秦始皇本纪》 　　秦小邑并大城，守险塞而军，高垒毋战，闭关据厄，荷戟而守之。	第350页
	《秦始皇本纪》 　　且夫天下非小弱也，雍州之地，殽函之固自若也。陈涉之位，非尊于齐、楚、燕、赵、韩、魏、宋、卫、中山之君；锄檑棘矜，非铦于句戟长铩也；适戍之众，非抗于九国之师；深谋远虑，行军用兵之道，非及乡时之士也。	第355页

（续表）

序号	出处	修订本页码
2	卷七《项羽本纪》 　　哙即带剑拥盾入军门。交**戟**之卫士欲止不内，樊哙侧其盾以撞，卫士仆地，哙遂入，披帷西向立，瞋目视项王，头发上指，目眦尽裂。	第 399 页
	《项羽本纪》 　　汉有善骑射者楼烦，楚挑战三合，楼烦辄射杀之。项王大怒，乃自被甲持**戟**挑战。楼烦欲射之，项王瞋目叱之，楼烦目不敢视，手不敢发，遂走还入壁，不敢复出。	第 416 页
3	卷八《高祖本纪》 　　田肯贺，因说高祖曰："陛下得韩信，又治秦中。秦，形胜之国，带河山之险，县隔千里，持**戟**百万，秦得百二焉。地势便利，其以下兵于诸侯，譬犹居高屋之上建瓴水也。夫齐，东有琅邪、即墨之饶，南有泰山之固，西有浊河之限，北有勃海之利。地方二千里，持**戟**百万，县隔千里之外，齐得十二焉。故此东西秦也。非亲子弟，莫可使王齐矣。"	第 481—482 页

（续表）

序号	出处	修订本页码
4	卷九《吕太后本纪》 　　乃与太仆汝阴侯滕公入宫，前谓少帝曰："足下非刘氏，不当立。"乃顾麾左右执戟者掊兵罢去。	第 520 页
	《吕太后本纪》 　　代王即夕入未央宫。有谒者十人持戟卫端门，曰："天子在也，足下何为者而入？"	第 521 页
5	卷四十七《孔子世家》 　　景公曰："诺。"于是旍旄羽袚矛戟剑拨鼓噪而至。	第 2321 页
6	卷四十八《陈涉世家》 　　且天下非小弱也；雍州之地，殽函之固自若也。陈涉之位，非尊于齐、楚、燕、赵、韩、魏、宋、卫、中山之君也；锄耰棘矜，非铦于句戟长铩也。	第 2382 页

（续表）

序号	出处	修订本页码
7	卷六十五《孙子吴起列传》 　　孙子分为二队，以王之宠姬二人各为队长，皆令持戟。	第 2631 页
8	卷六十八《商君列传》 　　君之出也，后车十数，从车载甲，多力而骈胁者为骖乘，持矛而操闟戟者旁车而趋。	第 2715 页
9	卷六十九《苏秦列传》 　　韩卒之剑戟皆出于冥山、棠溪、墨阳、合膊、邓师、宛冯、龙渊、太阿，皆陆断牛马，水截鹄雁，当敌则斩。	第 2734 页
	《苏秦列传》 　　秦正告魏曰："我举安邑，塞女戟，韩氏太原卷。"	第 2759 页
	《苏秦列传》 　　已得安邑，塞女戟，因以破宋为齐罪。	第 2760—2761 页

（续表）

序号	出处	修订本页码
10	卷七十《张仪列传》 　　"秦带甲百余万，车千乘，骑万匹，虎贲之士跿跔科头贯颐奋<u>戟</u>者，至不可胜计。"	第2786页
11	卷七十一《樗里子甘茂列传》 　　今秦，虎狼之国，使樗里子以车百乘入周，周以仇犹、蔡观焉，故使长<u>戟</u>居前，强弩在后，名曰卫疾，而实囚之。	第2804—2805页
12	卷七十六《平原君虞卿列传》 　　"今楚地方五千里，持<u>戟</u>百万，此霸王之资也。"	第2877页
13	卷七十九《范雎蔡泽列传》 　　"楚地方数千里，持<u>戟</u>百万，白起率数万之师以与楚战，一战举鄢郢以烧夷陵，再战南并蜀汉。"	第2938页

（续表）

序号	出处	修订本页码
14	卷八十六《刺客列传》 　　聂政乃辞，独行杖剑至韩，韩相侠累方坐府上，持兵<u>戟</u>而卫侍者甚众。	第 3063 页
15	卷九十二《淮阴侯列传》 　　韩信谢曰："臣事项王，官不过郎中，位不过执<u>戟</u>，言不听，画不用，故倍楚而归汉。"	第 3179 页
16	卷一百七《魏其武安侯列传》 　　于是灌夫被甲持<u>戟</u>，募军中壮士所善愿从者数十人。	第 3442 页
	《魏其武安侯列传》 　　御史大夫韩安国曰："魏其言灌夫父死事，身荷<u>戟</u>驰入不测之吴军，身被数十创，名冠三军，此天下壮士，非有大恶，争杯酒，不足引他过以诛也。"	第 3448 页

（续表）

序号	出处	修订本页码
17	卷一百一十七《司马相如列传》 　　"于是乃使专诸之伦，手格此兽。楚王乃驾驯驳之驷，乘雕玉之舆，靡鱼须之桡旃，曳明月之珠旗，建干将之雄戟，左乌嗥之雕弓，右夏服之劲箭；阳子骖乘，纤阿为御；案节未舒，即陵狡兽，轔邛邛，蹴距虚，轶野马而辚騊駼，乘遗风而射游骐；倏眒凄浰，靁动熛至，星流霆击，弓不虚发，中必决眦，洞胸达腋，绝乎心系，获若雨兽，掩草蔽地。"	第3648页
18	卷一百一十八《淮南衡山列传》 　　王恐事发，太子迁谋曰："汉使即逮王，王令人衣卫士衣，持戟居庭中，王旁有非是，则刺杀之，臣亦使人刺杀淮南中尉，乃举兵，未晚。"	第3748页
19	卷一百二十六《滑稽列传》 　　"今子大夫修先王之术，慕圣人之义，讽诵诗书百家之言，不可胜数。著于竹帛，自以为海内无双，即可谓博闻辩智矣。然悉力尽忠以事圣帝，旷日持久，积数十年，官不过侍郎，位不过执戟，意者尚有遗行邪？"	第3895页

凡 19 篇（卷）文献，兵器戟出现 28 次，大致可以分为如下几类：

其一，作为古兵的戟。在《秦始皇本纪》《孔子世家》《陈涉世家》《孙子吴起列传》《商君列传》《苏秦列传》《张仪列传》《司马相如列传》中都是指这一原始义项。

戟为先秦至魏晋时期中原军队装备的主要格斗兵器，前后延续近八个世纪之久，若用今天的军事术语来讲，可谓是常规制式装备。古兵的发展主要经历了木石制、青铜制、铁制三大阶段。在石器时代，虽然人类的生产技术水平不断提

图 3-1① 北京人狩猎图

---

① 习云太：《中国武术史》，人民体育出版社 1985 年版，第 4 页。

高、生产工具不断完善，但兵器尚未脱离生产工具而独立发展。人类的生产生活环境异常恶劣，时刻面临着自然界的各种风险，在获取猎物或与其他部落作战时，生产工具自然变成了搏斗的兵器。

恩格斯说道："根据最早历史时期的人和现在最不开化的野蛮人的生活方式来判断，最古老的工具是些什么东西呢？是打猎的工具和捕鱼的工具，而前者同时又是武器。"较为原始的木石兵器，从运动力学的角度来说，其战术动作无外乎直线轨道运行（穿刺类兵器，如木棍、石矛）与弧线轨道运行（砍砸类兵器，如石斧、石块、木棒）两种。就所有冷兵器而言，其战术动作亦不外乎穿刺、砍（劈）砸、抛射三种。商周时期的铜戈，其战术动作以啄击为主，亦可以看作是沿弧线轨道运行的砍（劈）砸类长兵器，穿刺类长兵器则非铜矛莫属。为了将两种不同运行轨迹的战术动作巧妙地结合于一器，古圣先贤创造性地发明了戟。钟少异先生的论述可谓是理解这一问题的钥匙，钟氏著《中国古代军事工程技术史·上古至五代》指出：从商代开始，人们就考虑如何将勾啄和刺杀的功能结合于一件兵器，从出土实物来看，当时主要有三种思路，一是将戈的上刃上折延长为凸起的锋刺；二是以矛为主体，在矛筒部做出一个向旁侧横伸的钩援，整器呈"卜"字形，钩援短小，勾啄的功能并不突出，这种方式当时未得到推广；三是在一根柄上联装一个戈头和一个矛头，到春秋时期，这种方法已经得到广泛的应用和进一步的发展，时人将如此制成的兵器称为"戟"。① 目前已知最早的青铜戟是 1973 年出土于河北省石家庄市藁城区台西村商代遗址。② 这件戟实际是由木柲（木柄）将一件戈和一件矛联装在一起，这大概是当时人们对武器革新的一种尝试。经考古人员清理，该兵器柄长约 64 厘米，可见这种戟当为短兵，而非长兵，更需说明的是，这仅是孤例，在全国众多商代遗址的发掘中，目前再未发现相同的文物，应当说这是商人的兵器改良尝试，尚未形成定制，可视为日后"戟"的雏形。④ 虽然戟的形制在各时期迥异，但其形制的核心思想是一致的，即戟是戈矛的合体，大体呈"卜"字形，其样式总体如左：

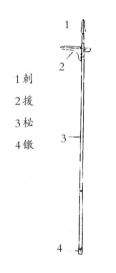

1 刺
2 援
3 柲
4 镦

图 3-2③　戟及各部名称

① 钟少异：《中国古代军事工程技术史·上古至五代》，山西教育出版社 2008 年版，第 69 页。
② 杨泓：《中国古兵器论丛》（增订本），文物出版社 1985 年版，第 157 页。
③ 陆锡兴主编：《中国古代器物大词典：兵器·刑具》，河北教育出版社 2004 年版，第 167 页。
④ 杨泓、李力：《中国古兵二十讲》，生活·读书·新知三联书店 2013 年版，第 38 页。

战国、秦汉以降，铁戟逐渐取代铜戈，成为各国军队的主要格斗长兵。铁戟不但适用于车卒、步卒，亦适用于骑兵，甚至适用于水战，如河南汲县山彪镇（今属卫辉市）出土的战国水陆攻战纹铜鉴图像。

图 3-3① 战国水陆攻战纹铜鉴图像（局部）

由于使用广泛，运用普遍，"持戟"一词乃至成为战国、秦汉之际"兵卒"的代名词。比如《史记·高祖本纪》中田肯对刘邦说："陛下得韩信，又治秦中。秦，形胜之国，带河山之险，县隔千里，持戟百万，秦得百二焉。地势便利，其以下兵于诸侯，譬犹居高屋之上建瓴水也。夫齐，东有琅邪、即墨之饶，南有泰山之固，西有浊河之限，北有勃海之利。地方二千里，持戟百万，县隔千里之外，齐得十二焉。"《史记·平原君虞卿列传》中毛遂对楚王说道："今楚地方五千里，持戟百万，此霸王之资也。"《史记·范雎蔡泽列传》中蔡泽也说道："楚地方数千里，持戟百万，白起率数万之师以

---

① 杨泓：《逝去的风韵——杨泓谈文物》，中华书局 2007 年版，第 118 页。

与楚战，一战举鄢郢以烧夷陵，再战南并蜀汉。"从上述这些战国、秦汉之际游说策士的口中，我们可知列国军队普遍装备戟的盛况，秦始皇陵兵马俑丛葬坑中出土的主要长柄格斗兵器仍为铸造精良的矛戈联装青铜戟，更加雄辩地证明了这一点。

其二，代表杰出将领英雄气概、英雄本色的戟。根据考古专家的研究，古兵戟的产生、发展、辉煌与衰落经历了一个漫长的历史时期。如前所述，早在殷商时期，一种尝试将戈矛合体的兵器的雏形就已出现；西周时期，戟形制制作的总体思路为"十"字形青铜整体锻造，由于这种整体锻造的青铜戟不够坚固，故未大量普及于军队；春秋战国以降，戟形制制作的思路又回到了戈矛联装的设想上；战国、秦汉以降，青铜古戟逐渐被钢铁戟替代而退出战争舞台，钢铁戟总体呈"卜"字形；魏晋南北朝以降，由于马镫的普及、甲胄的加强，戟的弧线战术运行轨迹（即钩啄功能）被残酷的战争现实所淘汰，而戟的直线战术运行轨迹（即穿刺功能）亟待强化，故这一时期戟的形制大体呈"y"字形。① 笔者认

①　关于古戟发展历史的概述主要参照杨泓：《中国古兵器论丛》（增订本），文物出版社 1985 年版，第 155～189 页；杨泓、李力：《中国古兵二十讲》，生活·读书·新知三联书店 2013 年版，第 34～49 页；杨泓：《逝去的风韵——杨泓谈文物》，中华书局 2007 年版，第 115～123 页；王兆春：《中国军事科技通史》，解放军出版社 2010 年版，第 20 页。

为，古戟形制的发展历程与古代战争方式的变化密不可分，即由车战到车步混合战，再到车步骑混合战，乃至步骑战。一言以蔽之，古戟的形制总体是由"卜"字形到"十"字形，再到"卜"字形，再至"y"字形。

《史记》中所记载的戟，就其出现时间来看，为春秋晚期至西汉中期，这正是古戟在战争舞台上大放异彩的时期，也是"卜"字形戟的鼎盛时期。司马迁生动地刻画了两位持戟的传奇英雄，即项羽与灌夫，《史记·项羽本纪》载：

> 楚汉久相持未决，丁壮苦军旅，老弱罢转漕。项王谓汉王曰："天下匈匈数岁者，徒以吾两人耳，愿与汉王挑战决雌雄，毋徒苦天下之民父子为也。"汉王笑谢曰："吾宁斗智，不能斗力。"项王令壮士出挑战。汉有善骑射者楼烦，楚挑战三合，楼烦辄射杀之。项王大怒，乃自被甲持戟挑战。楼烦欲射之，项王瞋目叱之，楼烦目不敢视，手不敢发，遂走还入壁，不敢复出。①

在太史公的笔下，英雄项羽第一次跃入沙场，即以"被甲持戟"的形象映入读者眼帘，项羽神勇的姿态跃然纸上。

---

① 〔汉〕司马迁：《史记》，中华书局 2014 年版，第 416 页。

项羽兵败之前曾慨然而歌："力拔山兮气盖世，时不利兮骓不逝。骓不逝兮可奈何，虞兮虞兮奈若何！"这位盖世英雄力拔千钧，气壮山河，在秦末天下纷乱之际，兴义兵，诛暴秦，领八千子弟兵，挥师北上，以破釜沉舟之势击溃章邯、王离军团，随即诛灭暴秦，削平群雄，自立为西楚霸王。在项羽的一生中，乌骓马和戟是他不可缺少的神兵利器。考古学者根据近几十年来大量田野考古出土实物得出结论，东周时期的戟总长度在 227～370 厘米之间，西汉时期的戟总长度在 200～250 厘米之间。[①] 由此可知，项王"被甲持戟"，此戟长度当在 2 米左右，可谓英姿飒爽，威风凛凛。再加上项王自身膂力惊人，身材魁梧，胯下乌骓乌黑锃亮，难怪汉将楼烦目不敢视，手不敢发，仓皇逃窜，不敢复出。《项羽本纪》以"被甲持戟"这般代入感极强的方式来描写人物和兵器，既是历史的写实，又是人物的写照；既是战争的实录，又是文学的升华。戟，自司马迁用笔于项王手下之后，已经突破了兵器本身，成为项王英雄气质不可分割的组成部分，可谓人兵合一，相辅相成。这种对于兵器的文学书写同样体现在《史记·魏其武安侯列传》对灌夫的描述中：

---

① 杨泓：《中国古兵二十讲》，生活·读书·新知三联书店 2013 年版，第 40、44 页。

灌将军夫者，颖阴人也。夫父张孟，尝为颖阴侯婴舍人，得幸，因进之，至二千石，故蒙灌氏姓为灌孟。吴楚反时，颖阴侯灌何为将军，属太尉，请灌孟为校尉。夫以千人与父俱。灌孟年老，颖阴侯强请之，郁郁不得意，故战常陷坚，遂死吴军中。军法，父子俱从军，有死事，得与丧归。灌夫不肯随丧归，奋曰："愿取吴王若将军头，以报父之仇。"于是灌夫被甲持戟，募军中壮士所善愿从者数十人。及出壁门，莫敢前。独二人及从奴十数骑驰入吴军，至吴将麾下，所杀伤数十人。不得前，复驰还，走入汉壁，皆亡其奴，独与一骑归。夫身中大创十余，适有万金良药，故得无死。夫创少瘳，又复请将军曰："吾益知吴壁中曲折，请复往。"将军壮义之，恐亡夫，乃言太尉，太尉乃固止之。吴已破，灌夫以此名闻天下。①

灌夫在参加平定吴楚叛乱的战役时，为父报仇，表现得异常骁勇，他"被甲持戟"，仅以十数骑兵冲陷叛军阵营，杀伤数十叛军。"被甲持戟"已经成为秦汉时期勇将的标配。大抵秦汉时期的军官和士兵都以戟为其野战格斗兵器，前述秦军战斗时长戟居前，强弩居后，李陵浚稽山之战布阵时亦

---

① 〔汉〕司马迁：《史记》，中华书局 2014 年版，第 3442 页。

如此；项王披甲持戟，灌夫亦如此。青海大通上孙家寨发掘的西汉晚期第 132 号汉简上有"人擎马戟"[①] 的记载，更加证明了这一史实。

秦汉时期，"被甲持戟"的悍将绝不仅项羽、灌夫二人。自秦汉至魏晋时期，铁戟一直是军队中骑兵和步卒主要的格斗兵器。东汉初年，辅佐刘秀建立东汉王朝的云台诸将中多有持戟名将，《后汉书》的《吴汉传》《马武传》中都有对云台功臣持戟战斗的书写。东汉末年，更是持戟名将威震天下之时，《三国志·魏书·典韦传》记载："典韦，陈留己吾人也。形貌魁梧，旅力过人，有志节任侠。"[②] 典韦早年为襄邑刘氏报仇，怀匕首，车载刀、戟，杀其仇家睢阳李永，一战成名。后典韦追随曹操，在与吕布的濮阳大战中，用手中之戟作战，如入无人之境。是时，曹操方破吕布，吕布引救兵回援，双方相持不下，曹军招募陷阵之士，史载：

> 太祖募陷阵，韦先占，将应募者数十人，皆重衣两铠，弃楯，但持长矛撩戟。时西面又急，韦进当之，贼弓弩乱发，矢至如雨，韦不视，谓等人曰："虏来十步，

---

① 国家文物局古文献研究室、大通上孙家寨汉简整理小组：《大通上孙家寨汉简释文》，载《文物》1981 年第 2 期。

② 〔晋〕陈寿：《三国志》，中华书局 1982 年版，第 543 页。

乃白之。"等人曰："十步矣。"又曰："五步乃白。"等人惧，疾言"虏至矣"！韦手持十余戟，大呼起，所抵无不应手倒者。布众退。①

典韦凭借勇武成为曹操的执戟宿卫，昼夜守护。典韦喜好"持大双戟与长刀等"②，整个军中也感叹道："帐下壮士有典君，提一双戟八十斤。"③ 后来曹操南征荆州，宛城张绣降而复叛，夜袭曹营。典韦全力护卫，力战至死，手中之戟更是成为张绣士卒的梦魇：

> 绣反，袭太祖营，太祖出战不利，轻骑引去。韦战于门中，贼不得入。兵遂散从他门并入。时韦校尚有十余人，皆殊死战，无不一当十。贼前后至稍多，韦以长戟左右击之，一叉入，辄十余矛摧。左右死伤者略尽。韦被数十创，短兵接战，贼前搏之。韦双挟两贼击杀之，余贼不敢前。韦复前突贼，杀数人，创重发，瞋目大骂而死。④

① 〔晋〕陈寿：《三国志》，中华书局 1982 年版，第 544 页。
② 〔晋〕陈寿：《三国志》，中华书局 1982 年版，第 544 页。
③ 〔晋〕陈寿：《三国志》，中华书局 1982 年版，第 544 页。
④ 〔晋〕陈寿：《三国志》，中华书局 1982 年版，第 545 页。

如果说"被甲持戟"描写的是戟兵马战的威力，这一段描写"长戟左右击之"则是对戟兵步战神威的突显。需要指出的是，"戟左右击之，一叉入，辄十余矛摧"反映出至迟到东汉末，戟的形制已由"卜"字形转变为"y"字形。相对于"卜"形戟而言，"y"形戟淡化了回钩与啄击的战术效能，但更具穿刺性和叉刺性。所以典韦在战斗中才可以用长戟叉断十几根长矛，"y"形戟替代"卜"形戟的变革，是兵器顺应战场形势变化与战争武器革新的时代产物。此后，魏晋军队亦沿袭此种戟制，1972年田野考古发掘的甘肃省嘉峪关市新城公社魏晋三号墓中出土的两铺与军队有关的墓室壁画，可为其有力证明。

图 3-4①　嘉峪关魏晋三号墓前室南壁屯营图

---

① 张宝玺编：《嘉峪关酒泉魏晋十六国墓壁画》，甘肃人民美术出版社 2001 年版，第 47 页。

图 3-5①　嘉峪关魏晋三号墓前室南壁屯垦图

　　图 3-4 是军队宿营的场景，图中在将军大帐的周围有序排列着很多士兵宿营的小帐篷，每个帐篷前竖一枝戟、立一张盾；图 3-5 为一幅士卒行军屯垦图，士兵都荷戟持盾。两铺壁画证实了戟和盾是当时士卒的普遍装备。通过仔细观察，我们可以辨识出两铺壁画中的戟援在戟刺旁横出后向上弯曲，呈 "y" 字形。此外，前述敦煌壁画第 285 窟《五百强盗成佛图》中亦有此种形制之戟（图 1-5）。

　　汉末张辽亦为用戟的名将。建安二十年（215），挟赤壁之战大胜之余威，趁曹操远征汉中张鲁之机，孙权引兵十万，围攻

―――――――

　　① 　张宝玺编：《嘉峪关酒泉魏晋十六国墓壁画》，甘肃人民美术出版社 2001 年版，第 60 页。

合肥。合肥守将张辽、李典、乐进仅率七千士兵戍守。在万分危急的时刻，张辽率八百步卒，凭一杆铁戟，夜袭孙权中军大营，吴军大乱，孙权亦险些被魏军俘虏。《三国志·魏书》载：

> 于是辽夜募敢从之士，得八百人，椎牛飨将士，明日大战。平旦，辽被甲持戟，先登陷阵，杀数十人，斩二将，大呼自名，冲垒入，至权麾下。权大惊，众不知所为，走登高冢，以长戟自守。辽叱权下战，权不敢动，望见辽所将众少，乃聚围辽数重。辽左右麾围，直前急击，围开，辽将麾下数十人得出，余众号呼曰："将军弃我乎！"辽复还突围，拔出余众。权人马皆披靡，无敢当者。自旦战至日中，吴人夺气，还修守备，众心乃安，诸将咸服。权守合肥十余日，城不可拔，乃引退。①

张辽威震合肥逍遥津，这一场突袭吴营之战，彻底粉碎了孙权此后北图中原的战略野心，廓清了曹魏势力的东部防线。张辽被甲持戟的形象震慑着吴地与吴军，此后张辽坐镇江都（今江苏扬州），吴军十数年不敢北上。逍遥津一役成为孙权的终生之诫，即便张辽病重之际，孙权依然心存忌惮，

训诫将领道："张辽虽病，不可当也，慎之！"① 张辽的威名
响彻东吴大地，东吴小儿夜闻其名而不敢啼哭，这一父母恫
吓孩子的手段，一直延续到唐代，也深深地影响了日本，日
语中今天还有俗语"辽来々"，是在小孩哭泣时用来吓唬的
话。张辽病故后，魏文帝曹丕下诏曰："合肥之役，辽、典以
步卒八百，破贼十万，自古用兵，未之有也。使贼至今夺气，
可谓国之爪牙矣。"②

　　纵观前引项王、灌夫、典韦、张辽四将"被甲持戟"
突围敌阵之文，我们可适度还原戟的战术动作：戟为战场
格斗利器之一，可刺可推，可啄可钩，可横扫切割（戟刺
可进行穿刺、直刺的招式；戟援可进行啄击、劈击的招式；
在一击未中之际，可回拉作钩击招式；在陷阵之时，亦可
横扫千军，发挥戟援之功效）。想必上述四将仅率少量人马
突破敌阵时，当先以戟刺穿刺迎面阻拦之将，敌必惊恐，
遂倍而围之，此时当发挥戟援横扫之威，左右挥舞，四周
围困偷袭之敌乃被戟援一啄致命。魂飞魄散之敌，必弃兵
以手护面，戟援横扫而过，手必断。《荀子·强国》载：
"拔戟加乎首，则十指不辞断。"如此往复推刺、啄击、横

---

① 〔晋〕陈寿：《三国志》，中华书局 1982 年版，第 520 页。
② 〔晋〕陈寿：《三国志》，中华书局 1982 年版，第 520 页。

扫，非用弓弩，则敌军近身不得。

从项羽、灌夫，到典韦、张辽，铁戟的传奇延续了约四个世纪，成为汉王朝的代表性兵器，也成为中原民族最重要的兵器文化名片之一。"被甲持戟"成为项王、灌夫、典韦、张辽的传世形象，定格了他们的战场辉煌时刻。这些勇将手中之戟，既为历史之真实书写，亦为文学笔法上的升华，这些描写，起到了兵器人格化、人物形象典型化的作用。戟的使用，对项王、灌夫、典韦、张辽这样的勇将而言，可谓是炉火纯青。项王力能扛鼎，胆略过人；灌夫为人刚直，骁勇善战；典韦、张辽亦勇武过人。我们可以想象，这样的人物形象，配以两米多长的戟，足可使读者过目不忘。"被甲持戟"的形象成为这些武将身份的写照，成为千百年来文学家笔下乃至戏曲舞台上对人物认知的显著标识。

其三，"交戟之卫"与戟的衰落。除了战场上作为将官与士卒的制式兵器，戟也作为各级卫兵的戍卫之器。《史记》中有相关记载：

《项羽本纪》：

> 哙即带剑拥盾入军门。交戟之卫士欲止不内，樊哙侧其盾以撞，卫士仆地，哙遂入，披帷西向立，瞋目视

项王，头发上指，目眦尽裂。①

《吕太后本纪》：

乃与太仆汝阴侯滕公入宫，前谓少帝曰："足下非刘氏，不当立。"乃顾麾左右执戟者掊兵罢去。

代王即夕入未央宫。有谒者十人持戟卫端门，曰："天子在也，足下何为者而入？"②

《刺客列传》：

杖剑至韩，韩相侠累方坐府上，持兵戟而卫侍者甚众。③

《淮阴侯列传》：

韩信谢曰："臣事项王，官不过郎中，位不过执戟，言不听，画不用，故倍楚而归汉。"④

① 〔汉〕司马迁：《史记》，中华书局 2014 年版，第 399 页。
② 〔汉〕司马迁：《史记》，中华书局 2014 年版，第 520、521 页。
③ 〔汉〕司马迁：《史记》，中华书局 2014 年版，第 3063 页。
④ 〔汉〕司马迁：《史记》，中华书局 2014 年版，第 3179 页。

《淮南衡山列传》：

> 太子迁谋曰："汉使即逮王，王令人衣卫士衣，持戟居庭中，王旁有非是，则刺杀之，臣亦使人刺杀淮南中尉，乃举兵，未晚。"①

《滑稽列传》：

> 今子大夫修先王之术，慕圣人之义，讽诵诗书百家之言，不可胜数。著于竹帛，自以为海内无双，即可谓博闻辩智矣。然悉力尽忠以事圣帝，旷日持久，积数十年，官不过侍郎，位不过执戟，意者尚有遗行邪？②

由以上文献可知，执戟（执戟者、持戟兵）为战国、秦汉时期守卫皇宫与军营大帐的卫兵。这些卫兵以戟为兵刃，故被称为"执戟者"。所谓"执戟"，《史记集解》引张晏曰："郎中，宿卫执戟之人也。"执兵宿卫当源于秦法。《战国策·燕策》载："而秦法，群臣侍殿

---

① 〔汉〕司马迁：《史记》，中华书局 2014 年版，第 3748 页。
② 〔汉〕司马迁：《史记》，中华书局 2014 年版，第 3895 页。

上者，不得持尺寸之兵。诸郎中执兵皆陈殿下，非有诏不得上。"由于戟在中原部队中大量装备，故时人便用"执戟"或"持戟"指代这些宫廷或戍边武装。持戟宿卫当是以两人"交戟"的方式站岗卫戍，这种军姿英姿勃发，肃穆庄严，如前引樊哙闯帐之文，前述典韦亦是曹操之持戟宿卫。由于戟横行古战场达八个世纪之久，在军中地位甚笃，故自隋唐之后，戟虽被淘汰出战场，但由"交戟"宿卫演化而来的列戟制度却保留了下来。《新唐书·百官志》中记载了唐代官员以门前门戟的多少来彰显身份、地位、权力：

> 凡戟，庙、社、宫、殿之门二十有四，东宫之门一十八，一品之门十六，二品及京兆河南太原尹、大都督、大都护之门十四，三品及上都督、中都督、上都护、上州之门十二，下都督、下都护、中州、下州之门各十。衣幡坏者，五岁一易之。薨卒者既葬，追还。①

---

① 〔宋〕欧阳修、宋祁：《新唐书》，中华书局 1975 年版，第 1249 页。

图 3-6① 唐李寿墓第四天井东壁列戟图

图 3-7② 唐章怀太子墓第二过洞东壁列戟图

---

① 陕西历史博物馆编：《唐墓壁画珍品》，三秦出版社 2011 年版，第 12 页。
② 陕西历史博物馆编：《唐墓壁画珍品》，三秦出版社 2011 年版，第 90 页。

第二节　由戈矛到戟再到矛

戈的起源早于戟，是华夏文明进入信史时代以来最古老的古兵之一。戈这种古兵，或源于受石斧等砍砸类兵器的启发，盛行于商至战国时期，尤其与战车配合，可谓相得益彰。换言之，戈与战车相互依存，不可分割。脱离了战车的戈，其实战价值可谓大打折扣，也可以说，戈就是适用于车战这一特定方式的特殊兵器。戈作为华夏民族最古老且最具特色的格斗兵器之一，虽然自春秋中晚期以来已渐居战场实用兵器之次要地位，但后世文献中常以"干""戈"二字连用，成为战争的同义词。分析《史记》中的戈，能够发现《五帝本纪》《周本纪》《礼书》《齐太公世家》《鲁周公世家》《卫康叔世家》《晋世家》《郑世家》中的"戈"，乃实指古兵之戈，其余传记中的"戈"均与"干"连用，虽有兵器之指，但实则可引申为战争之意。从兵器发展史的角度看，《史记》对戈的记载符合历史实情，同时这些记载也从兵器史、战争史的角度印证了《史记》确为信史。

《史记》中的戈

序号	出处	修订本页码
1	卷一《五帝本纪》 　　于是轩辕乃习用干戈，以征不享，诸侯咸来宾从。而蚩尤最为暴，莫能伐。	第4页
2	卷四《周本纪》 　　武王曰："嗟！我有国冢君，司徒、司马、司空，亚旅、师氏，千夫长、百夫长，及庸、蜀、羌、髳、微、纑、彭、濮人，称尔戈，比尔干，立尔矛，予其誓。"	第158页
	《周本纪》 　　纵马于华山之阳，放牛于桃林之虚；偃干戈，振兵释旅：示天下不复用也。	第166页
	《周本纪》 　　穆王将征犬戎，祭公谋父谏曰："不可。先王耀德不观兵。夫兵戢而时动，动则威，观则玩，玩则无震。是故周文公之颂曰：'载戢干戈，载橐弓矢，我求懿德，肆于时夏，允王保之。'"	第173页

（续表）

序号	出处	修订本页码
3	卷二十三《礼书》 　　古者之兵，戈矛弓矢而已，然而敌国不待试而诎。	第1382页
4	卷二十四《乐书》 　　"济河而西，马散华山之阳而弗复乘；牛散桃林之野而不复服；车甲弢而藏之府库而弗复用；倒载干戈，苞之以虎皮；将率之士，使为诸侯，名之曰'建櫜'：然后天下知武王之不复用兵也。"	第1459页
5	卷三十《平准书》 　　及王恢设谋马邑，匈奴绝和亲，侵扰北边，兵连而不解，天下苦其劳，而干戈日滋。	第1715页
6	卷三十二《齐太公世家》 　　公执戈将击之，太史子余曰："非不利也，将除害也。"	第1825页
7	卷三十三《鲁周公世家》 　　十一年十月甲午，鲁败翟于咸，获长翟乔如，富父终甥春其喉以戈，杀之，埋其首于子驹之门，以命宣伯。	第1855页

（续表）

序号	出处	修订本页码
8	卷三十七《卫康叔世家》 　　既食，悝母杖戈而先，太子与五人介，舆猳从之。	第 1935 页
	《卫康叔世家》 　　有使者出，子路乃得入。曰："太子焉用孔悝？虽杀之，必或继之。"且曰："太子无勇。若燔台，必舍孔叔。"太子闻之，惧，下石乞、盂黡敌子路，以戈击之，割缨。	第 1936 页
9	卷三十九《晋世家》 　　行远而觉，重耳大怒，引戈欲杀咎犯。咎犯曰："杀臣成子，偃之愿也。"重耳曰："事不成，我食舅氏之肉。"咎犯曰："事不成，犯肉腥臊，何足食！"乃止，遂行。	第 2002 页
10	卷四十二《郑世家》 　　二十五年，郑使子产于晋，问平公疾。平公曰："卜而日实沈、台骀为祟，史官莫知，敢问？"对曰："高辛氏有二子，长曰阏伯，季曰实沈，居旷林，不相能也，日操干戈以相征伐。"	第 2137 页

（续表）

序号	出处	修订本页码
11	卷五十五《留侯世家》 汉王方食，曰："子房前！客有为我计桡楚权者。"具以郦生语告，曰："于子房何如？"良曰："谁为陛下画此计者？陛下事去矣。"汉王曰："何哉？"张良对曰："臣请藉前箸为大王筹之。"曰："昔者汤伐桀而封其后于杞者，度能制桀之死命也。今陛下能制项籍之死命乎？"曰："未能也。""其不可一也。武王伐纣封其后于宋者，度能得纣之头也。今陛下能得项籍之头乎？"曰："未能也。""其不可二也。武王入殷，表商容之闾，释箕子之拘，封比干之墓。今陛下能封圣人之墓，表贤者之闾，式智者之门乎？"曰："未能也。""其不可三也。发巨桥之粟，散鹿台之钱，以赐贫穷。今陛下能散府库以赐贫穷乎？"曰："未能也。""其不可四矣。殷事已毕，偃革为轩，倒置干戈，覆以虎皮，以示天下不复用兵。今陛下能偃武行文，不复用兵乎？"	第 2479 页

（续表）

序号	出处	修订本页码
12	卷六十一《伯夷列传》 　　伯夷、叔齐叩马而谏曰："父死不葬，爰及干戈，可谓孝乎？以臣弑君，可谓仁乎？"	第 2583 页
13	卷六十八《商君列传》 　　"由余闻之，款关请见。五羖大夫之相秦也，劳不坐乘，暑不张盖，行于国中，不从车乘，不操干戈，功名藏于府库，德行施于后世。"	第 2715 页
14	卷六十九《苏秦列传》 　　秦正告魏曰："我举安邑，塞女戟，韩氏太原卷。我下轵，道南阳，封、冀，包两周。乘夏水，浮轻舟，强弩在前，铩戈在后，决荥口，魏无大梁；决白马之口，魏无外黄、济阳；决宿胥之口，魏无虚、顿丘。陆攻则击河内，水攻则灭大梁。"	第 2759 页

（续表）

序号	出处	修订本页码
15	卷一百一十二《平津侯主父列传》 　　高帝不听，遂北至于代谷，果有平城之围。高皇帝盖悔之甚，乃使刘敬往结和亲之约，然后天下忘干戈之事。故兵法曰"兴师十万，日费千金"。	第 3579 页
16	卷一百二十一《儒林列传》 　　叔孙通作汉礼仪，因为太常，诸生弟子共定者，咸为选首，于是喟然叹兴于学。然尚有干戈，平定四海，亦未暇遑庠序之事也。孝惠、吕后时，公卿皆武力有功之臣。	第 3787 页

　　戈是进入青铜时代后出现的兵器，和戟一样，是具有华夏民族特点的古兵。当时的人们或许是受到了史前时期石斧、木棒挥击的启发，抑或是受到农业生产中镰刀收割庄稼动作的启发，再或是因为戈的锻造会相对节省青铜原料，从而发明了戈这一兵器。迄今发现的最早的青铜戈头，出土于河南偃师二里头遗址，距今至少约 3500 年。其中一件为直内直援青铜戈，通长 28 厘米；另一件为直援微曲内戈，通长 32.5

厘米。一杆完整的实战戈总体上由"援""内""柲（木柄）"组成，如图：

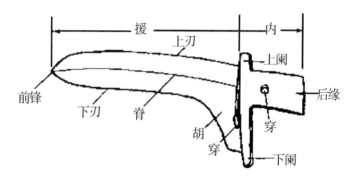

图 3-8①　戈头各部位名称

戈头结构上包括两个部分，前部称为"援"，后部称为"内"。"内"用于装柲（木柄），将木柄的顶端劈开，或挖凿出槽孔，将"内"横向插入，然后用绳索交叉绑缚牢固，整个戈头与柄大致呈直角相交。商周时期，步兵所持戈较短，通常在 1 米左右，车兵所持戈很长，最长超过 3 米。② 就实战动作而言，戈的战术动作必定包括直线和弧线两种运动轨迹，直线打击招式为"捣击""回钩"，弧线打击招式为戈的代表

　　① 钟少异：《中国古代军事工程技术史·上古至五代》，山西教育出版社 2008 年版，第 69 页。
　　② 关于戈构造及长度的叙述，主要参考钟少异：《中国古代军事工程技术史·上古至五代》，山西教育出版社 2008 年版，第 65 页；王兆春：《中国军事科技通史》，解放军出版社 2010 年版，第 19 页。

性动作"啄击（横扫）"。就招式的使用频率而言，由于戈缺乏像矛和戟一样尖锐的刺头，故"啄击"应会明显多于"捣击"。

需要说明的是，戈的使用需要与商周时期的战车配合，方能最大限度地发挥其杀伤效能。关于这一点，传世文献中所述并不多见，《尚书·牧誓》记载了周武王在"牧野之战"前的全军誓师词，是传世文献中难得一见的战车与戈兵参战的资料。《史记·周本纪》中也记载了这段历史：

> 二月甲子昧爽，武王朝至于商郊牧野，乃誓。武王左杖黄钺，右秉白旄以麾，曰："远矣西土之人！"武王曰："嗟！我有国冢君，司徒、司马、司空、亚旅、师氏，千夫长、百夫长，及庸、蜀、羌、髳、微、纑、彭、濮人，称尔戈，比尔干，立尔矛，予其誓。"王曰："古人有言'牝鸡无晨。牝鸡之晨，惟家之索'。今殷王纣维妇人言是用，自弃其先祖肆祀不答，昏弃其家国，遗其王父母弟不用，乃维四方之多罪逋逃是崇是长，是信是使，俾暴虐于百姓，以奸轨于商国。今予发维共行天之罚。今日之事，不过六步七步，乃止齐焉，夫子勉哉！不过于四伐五伐六伐七伐，乃止齐焉，勉哉夫子！尚桓桓，如虎如罴，如豺如离，于商郊，不御克奔，以役西

土，勉哉夫子！尔所不勉，其于尔身有戮。"①

《牧誓》中有一些需要说明的问题。"今日之事，不过六步七步，乃止齐焉"与"不过于四伐五伐六伐七伐，乃止齐焉"，"造成经师们的困惑，无法解通"②。

汉代孔安国将"今日之事，不过六步七步，乃止齐焉"解释为"今日战事，不过六步七步，乃止相齐。言当旅进一心也"。将"不过于四伐五伐六伐七伐，乃止齐焉"解释为"伐谓击刺也。少则四五，多则六七，以为例也"③。

东汉郑玄解释为"伐，谓击刺也。一击一刺曰一伐，始前就敌，六步七步当止齐，正行列。及兵相接，少者四伐，多者五伐，又当止齐，正行列也"。"伐"郑玄注为"一击一刺曰一伐"④。

唐代李靖将其解释为阵法，他说道："周之始兴，则太公实缮其法：始于岐都，以建井亩；戎车三百辆，虎贲三千人，以立军制；六步七步，六伐七伐，以教战法。陈

---

① 〔汉〕司马迁：《史记》，中华书局2014年版，第158~159页。

② 顾颉刚、刘起釪：《尚书校释译论》，中华书局2005年版，第1091页。

③ 〔汉〕孔安国传，〔唐〕孔颖达正义：《十三经注疏·尚书正义》，上海古籍出版社2007年版，第425页。

④ 〔清〕孙星衍撰，陈抗、盛冬铃点校：《尚书今古文注疏》，中华书局2004年版，第288页。

师牧野，太公以百夫制师，以成武功，以四万五千人胜纣七十万众。"①

南宋蔡沈将其解释为"战不过六步七步乃止齐，此告之以坐作进退之法，所以戒其轻进也；伐多不过六七而齐，此告之以攻杀击刺之法，所以戒其贪杀也"②。

南宋吕祖谦将其解释为"圣人之师，坐作进退，纪律如此。后世之师，有追逐夜行三百里者，其纪律安在哉！故当战亦井然有序，不失纪律，三军一人，百将一指，足以见武王之恭行天罚，其不妄侵掠可知矣"③。

元代董鼎《书传辑录纂注》引宋儒王炎说道："六步七步，足法也；六伐七伐，手法也。"④

刘起釪先生引《尚书大传》《礼记》《白虎通》《太平御览》《华阳国志》等大量文献考证，以及恩格斯《家庭、私有制和国家的起源》和摩尔根《古代社会》，再加上相关民俗学方面的研究成果，考订"六步七步、六伐七伐等"都是舞蹈动作，而《牧誓》则是"指挥这次军事舞蹈的一篇举行

---

① 吴如嵩、王显臣校注：《李卫公问对校注》，中华书局 2016 年版，第 19 页。
② 顾颉刚、刘起釪：《尚书校释译论》，中华书局 2005 年版，第 1107 页。
③ 〔宋〕吕祖谦著，时澜修订：《增修东莱书说》（三），中华书局 1985 年版，第 181~182 页。
④ 〔元〕董鼎：《书传辑录纂注》卷四，《钦定四库全书·经部》文渊阁影印版，第 17 页。

宣誓性的当时称作'誓'的讲话"①。

杨华《〈尚书·牧誓〉新考》一文认为,《牧誓》篇既不是武王伐纣时军前誓师的原始训辞,也不是周末人看了《大武》表演之后的追记,它其实就是《大武》乐舞的一个部分。它是《大武》乐舞开始时舞人们"总干山立"静立舞位的肃穆气氛中,由扮作"王"的歌舞指挥者颁讲的舞前训辞,它要求扮作"冢君"和"友邦"的舞人们,在表演《大武》时要保持舞队的整齐,保持舞姿和步幅的一致,要勤勉用力舞出周人的威武气概。②

李吉东《〈尚书·牧誓〉誓师解》一文认为,《牧誓》中"步伐止齐"的"伐"当解为"口伐"(声讨)而不是"击刺",而"步伐止齐"是部队向敌军进逼过程中的动作与要求,避免了旧解"击刺"所带来的打打停停的矛盾。根据周武王伐商部队的多方国联合特点,其整齐阵容虽然是从部队整体着眼,而在较大程度上是针对其余的八个方国在进军中可能发生的首鼠两端和惧死不前现象。③

我们认为对《牧誓》的解释,汉、晋、唐年间注疏家的解释基本为字面意义的解释,宋儒的解释则有失偏颇,刘起

① 顾颉刚、刘起釪:《尚书校释译论》,中华书局 2005 年版,第 1108~1117 页。
② 杨华:《〈尚书·牧誓〉新考》,载《史学月刊》1996 年第 5 期。
③ 李吉东:《〈尚书·牧誓〉誓师解》,载《齐鲁学刊》2008 年第 3 期。

釬先生的解释考证精良，是为正解，杨华、李吉东的考证也很有见解。但需要进一步说明的是，周武王的誓师之词恐怕并非仅为"军舞"而言，而是反复声明在车战中步（卒）车（兵）协同的重要性。古代注疏家大多不解"六步七步，四伐五伐六伐七伐"之意，并非才疏学浅，而是时代的局限。随着 20 世纪以来大量田野考古资料的发现，可知商周时期战争形态以车战为主。商周时期的车战一般是在黄河中下游的冲积平原进行，交战双方以战车步卒混合的方阵为主，冲击对方方阵，直到冲散敌人阵型为止。换言之，这种作战方式属于典型的击溃战，一旦一方阵营发生溃散，则会出现多米诺骨牌效应，以致全盘溃败，自相践踏，伤亡惨重。所以在车战中，单位战车和步卒之间的协同配合尤为重要。也就是说，每辆战车和其身后护卫的 72 名步卒要紧密配合，在行进中距离要始终保持一致，即使在剧烈的对抗中也要保持稳定。这种战术配合，没有经过大量的训练是根本无法做到的，这也是古代贵族将"驭"作为必修科目的原因。因此周武王在《牧誓》中反复强调的"六步七步，四伐五伐六伐七伐"应当是指在进军与交战中要始终保持每辆战车和其身后 72 名步卒之间的距离，这在车战中是尤为重要的。武王作为西周联军的统帅，自然深谙于此，故在大战之前的黎明，还在反复叮嘱参战将士。

图 3-9①　战车与步兵协同作战示意简图

还需要阐述的是戈在战车上的作战招式。如前述戟，戈
与戟相比，少了前刺的部分，这便决定了戈的战术动作以啄
击（横扫）为主，如下图所示：

图 3-10②　戈的战术运行轨迹

① 金铁木主编：《中国古兵器大揭秘·军团篇》，陕西人民出版社 2016 年版，
第 27 页。

② http：//tv.cctv.com/2015/07/24/VIDE1437700514478320.shtml

图 3-11① 戈的战术运行轨迹

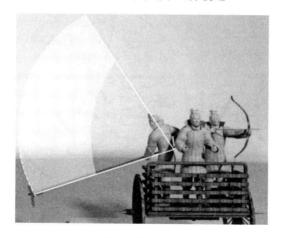

图 3-12② 戈的战术运行轨迹

① http：//tv.cctv.com/2015/07/24/VIDE1437700514478320.shtml
② http：//tv.cctv.com/2015/07/24/VIDE1437700514478320.shtml

　　由上图戈的战术运行轨迹可以清晰地看出，在两军战
车错毂时，戈手挥舞戈进行攻击，攻击路线呈扇形。也就
是说，在这个扇形区域内，敌方的步兵将非常被动，戈手
会像收割庄稼一样收割敌军的性命。这里要指出的是，我
方战车与敌方战车遭遇后，需在战车错毂的状态下，戈手
方可进入战斗，如正面相遇，戈手则无法有效打击对方。
这一问题杨泓先生已有精确考证，并绘图如下：

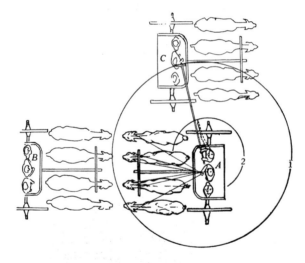

图 3-13①　车战示意图

　　① 杨泓：《中国古兵器论丛》（增订本），文物出版社 1985 年版，第 89 页。

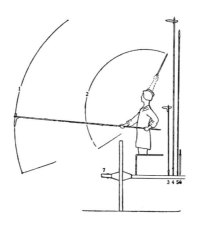

图 3-14① 车战中戈、剑挥舞示意图

由图 3-13 能够得知，战车如不错毂，格斗兵器根本无法进行有效攻击，《楚辞·九歌·国殇》也说道："操吴戈兮被犀甲，车错毂兮短兵接。"②

与此同时，商周战车轮大舆（车厢）小，总体笨重，变向转动十分不便，机动性、灵活性较差。所以《六韬·战车》中说道："车贵知地形。"一旦敌方步卒利用地形和灵活的走位将战车迂回包围，并且用弓弩射击，那么战车上的三名甲士将任人宰割，因此战车总是需要步兵的协同配合，方能发挥出最大的功效。现代战争中，主流的作战方式亦为各

① 杨泓：《中国古兵器论丛》（增订本），文物出版社 1985 年版，第 90 页。
② 〔宋〕洪兴祖撰，白化文等点校：《楚辞补注》，中华书局 1983 年版，第 82 页。

兵种协同作战，如步坦协同、步摩协同、海陆空立体协同等。三千多年前的那个清晨，周武王所下达的全军动员令也是在强调各兵种协同作战的重要性。"六步七步""四伐五伐六伐七伐"中的数词"四""五""六""七"当为虚指，应当和《论语》中"三人行，必有我师焉"中的数词"三"的含义与用法一样，乃虚指，而非实指。所以，可以这样理解周武王的话语："在今天的战斗中，每前进一段距离，战车和步卒要停下来检查步车之间的距离是否整齐，保持阵型，不要混乱；在投入战斗之后，也要兼顾于此。"

战国以降，随着戟的普及，戈已逐渐远离战争舞台，这是因为步兵、骑兵的逐渐兴起和作战方式的逐步变化。随着兼并战争全面爆发，春秋时期那种以战车、干戈为主要兵器的"君子之战"渐行渐远。汉代以降，戈作为实战兵器已在战场上绝迹。然而，戈已深深融入中华文明的血液之中，成为中华传统军事文化的显著象征，"干戈"一词也成为军事征伐的文化符号。《史记》之《乐书》《平准书》《留侯世家》《伯夷列传》《商君列传》《平津侯主父列传》《儒林列传》中的"干戈"就是这种象征意义的历史印证。

由于最开始的矛可以取之自然或者稍加制作即可使用，因此矛的起源要早于戈、戟。矛为最原始的穿刺类兵器，其形可谓天赋其禀。人类最原始的矛便是一端或两端尖锐的树枝或木棒。新石器时代，矛开始安装矛头，有的用硬木制作，更多的为骨质或石质的矛头，以增强穿刺效能，骨矛和石矛都是狩猎和战斗的利器。青铜时代，矛是仅次于戈、戟的格斗兵器。迄今为止发现的最早的铜矛标本应为 1963 年在湖北黄陂盘龙城商代前期遗址出土的一件铜矛。①

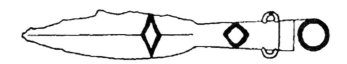

图 3-15②　湖北黄陂盘龙城商代遗址出土的铜矛

铜矛头一般包括锋刃和骹两个部分，锋刃是杀敌部分，骹为底部的装柄部位，呈筒形，也称为銎或筒。殷代墓葬中出土的铜矛极少，即使在殷墟的殷代后期墓葬中，随葬铜矛的数量也较戈少得多，即便是殷墟妇好墓中，也没有青铜矛出土；然而在长江流域的商墓中，比如前述湖北黄陂盘龙城及江西新干大洋洲商墓，出土铜矛的数量超过铜戈，杨锡璋先生推测青铜矛这类格斗兵

---

① 湖北省博物馆：《一九六三年湖北黄陂盘龙城商代遗址的发掘》，载《文物》1976 年第 1 期。

② 湖北省博物馆：《一九六三年湖北黄陂盘龙城商代遗址的发掘》，载《文物》1976 年第 1 期。

器，应该不是商文化原有的因素，而是由长江以南青铜文化传入的。① 战国时期的铜矛，矛矜（柄）长度一般在320~380 厘米之间，最长的达 436 厘米。从秦始皇陵兵马俑出土的铜兵器来看，矛的数量依然少于弩、戈和戟。汉代军队矛的装备逐渐增多，但其总体地位还是要低于同类长柄格斗兵器戟。②

不得不说，作为穿刺类兵器的矛，以及同样具备穿刺能力的矛的各种变化体（铩、铍）并不像戈、戟那样独具华夏民族特色。穿刺类兵器矛是世界各民族共有的最直接、最具杀伤力的古兵之一。通检《史记》中的矛，我们发现，它并不具备李广之弓、李陵之弩、项羽之戟、项庄之剑、荆轲之匕首所带有的传奇色彩。与田野考古发现相对比，可知这并不是偶然现象。司马迁所处的时代与《史记》所涵盖的时代，矛虽然早已成为常备古兵③，但其风头似乎稍逊于戈戟，这从《史记》中对矛的记载便可见一斑。

---

① 杨锡璋：《关于商代青铜戈矛的一些问题》，载《考古与文物》1986 年第 3 期。

② 关于史前时代石矛到汉代铁矛的发展脉络的叙述，主要参考钟少异：《中国古代军事工程技术史·上古至五代》，山西教育出版社 2008 年版，第 65 页；杨泓、李力：《中国古兵二十讲》，生活·读书·新知三联书店 2013 年版，第 7~8 页；杨泓：《古代兵器通论》，紫禁城出版社 2005 年版，第 27~28、69~72、107~108、128~129 页。

③ 《史记·礼书》曰："古者之兵，戈矛弓矢而已，然而敌国不待试而诎。"《荀子·议兵》曰："古之兵，戈、矛、弓、矢而已矣。"（楼宇烈主撰：《荀子新注》，中华书局 2018 年版，第 298 页。）

《史记》中的矛

序号	出处	修订本页码
1	**卷四《周本纪》** 武王曰："嗟！我有国家君，司徒、司马、司空，亚旅、师氏，千夫长、百夫长，及庸、蜀、羌、髳、微、纑、彭、濮人，称尔戈，比尔干，立尔矛，予其誓。"	第 158 页
2	**卷十九《惠景间侯者年表》** 以执矛从高祖入汉，以中尉破曹咎，用吕相侯，六百户。	第 1179 页
3	**卷二十三《礼书》** 古者之兵，戈矛弓矢而已，然而敌国不待试而诎。	第 1382 页
4	**卷二十七《天官书》** 杓端有两星：一内为矛，招摇；一外为盾，天锋。有句圜十五星，属杓，曰贱人之牢。	第 1545 页

（续表）

序号	出处	修订本页码
5	卷四十七《孔子世家》 　　献酬之礼毕，齐有司趋而进曰："请奏四方之乐。"景公曰："诺。"于是旄旄羽被矛戟剑拨鼓噪而至。	第 2321 页
6	卷五十八《梁孝王世家》 　　梁多作兵器弩弓矛数十万，而府库金钱且百巨万，珠玉宝器多于京师。	第 2533 页
7	卷六十七《仲尼弟子列传》 　　越王大说，许诺。送子贡金百镒，剑一，良矛二。子贡不受，遂行。	第 2673 页
8	卷六十八《商君列传》 　　君之出也，后车十数，从车载甲，多力而骈胁者为骖乘，持矛而操闟戟者旁车而趋。	第 2715 页
9	卷七十六《平原君虞卿列传》 　　民困兵尽，或剡木为矛矢，而君器物钟磬自若。	第 2879 页

（续表）

序号	出处	修订本页码
10	**卷九十七《郦生陆贾列传》** *郦生瞋目案剑叱使者曰："走！复入言沛公，吾高阳酒徒也，非儒人也。"使者惧而失谒，跪拾谒，还走，复入报曰："客，天下壮士也，叱臣，臣恐，至失谒。曰"走！复入言，而公高阳酒徒也"。沛公遽雪足杖矛曰："延客入！"*	第 3275 页
11	**卷一百一十三《南越列传》** *太后怒，欲锭嘉以矛，王止太后。嘉遂出，分其弟兵就舍，称病，不肯见王及使者。乃阴与大臣作乱。*	第 3599 页
12	**卷一百二十三《大宛列传》** *大宛在匈奴西南，在汉正西，去汉可万里。其俗土著，耕田，田稻麦。有蒲陶酒。多善马，马汗血，其先天马子也。有城郭屋室。其属邑大小七十余城，众可数十万。其兵弓矛骑射。*	第 3836 页

（续表）

序号	出处	修订本页码
13	卷一百二十七《日者列传》 初试官时，倍力为巧诈，饰虚功执空文以调主上，用居上为右；试官不让贤陈功，见伪增实，以无为有，以少为多，以求便势尊位；食饮驱驰，从姬歌儿，不顾于亲，犯法害民，虚公家：此夫为盗不操矛弧者也，攻而不用弦刃者也，欺父母未有罪而弑君未伐者也。	第3909—3910页

魏晋以降，马镫的普及、具装铠的发展应用所带来的战争形态的变化，使得由矛发展而来的槊①独领风骚数百年。宋代以降，随着中国版图的内收，丧失了西北优良的军马产地。这一时期，步兵军团大规模代替骑兵军团，体型庞大的槊（马槊）逐渐被体型更加短小，适于步兵操练的枪取代。戈、戟早已被历史的尘烟湮灭，而矛以其简单有效、原料节省的特点，分别以"矛""槊""枪"的形制活跃在战争舞台上。与其他古兵相比，矛

---

① 《说文解字》曰："槊，矛也。"（班吉庆、王剑、王华宝点校：《说文解字校订本》，凤凰出版社2004年版，第170页。）

这种"刺兵"显得朴实无华，历代史学家、文学家鲜有
对其关注者。直至明代名将戚继光才对矛的战术特点做
了系统总结：

夫长器必短用，何则？长枪架手易老，若不知短
用之法，一发不中，或中不在吃紧处，被他短兵一
入，收退不及，便为长所误，即与赤手同矣。须是兼
身步齐进。其单手一枪，此谓之"孤注"，此杨家枪
之弊也，学者为所误甚多。其短用法，须手步俱要合
一，一发不中，缓则用步法退出，急则用手法缩出枪
杆，彼器不得交在我枪身内，彼自不敢轻进。我手中
枪就退至一尺，尚可戳人，与短兵功用同矣。此用长
以短之秘也。①

小　结

战争与政治密不可分。战争是残酷的，在战争中，消灭
敌人、保全自己是普遍原则。兵器的发明就是为了最大限度
消灭敌人，保全自己。兵器必须适应瞬息万变的战场形态，
才能保证战争的胜利。

---

① 〔明〕戚继光著，马明达点校：《纪效新书》，人民体育出版社 1988 年版，
第 192~193 页。

《尉缭子》：

> 夫杀人于百步之外者谁也？曰：矢也。夫杀人于五十步之内者谁也？曰：矛戟也。①

当两军突破彼此的箭雨矢网之后，戈、矛、戟、殳则投入战斗。战车时代，以农业生产为主的华夏民族或许受到镰刀的启发，使用戈兵。戈兵是一种为战车量身定做的古兵，它能在战车上以居高临下的态势做出完美的横扫动作，避免了由于战车颠簸而造成的刺击命中率下降的问题。这一时期，以戈为主，以矛为辅，二者配合，不可偏废。为了使得戈矛统一，戟兵应运而生。完美的刺击与潇洒的横扫，使戟兼具戈矛之优势，在战场上存在几百年。骑兵的完善，护甲的精良，使得戈戟逐渐退出历史舞台，矛也演变为"矟""枪"，这些古兵器一去不复返。《史记》记载了这些古兵器，同时也记载了这些由戈、矛、戟主导的战争，在世界战争史上留下了极具中华民族特色的浓墨重彩的一笔。戈、矛、戟所主导的古代战争已经淡出历史的记忆，独留一首《无衣》，绝世遗响。

---

① 徐勇注译：《尉缭子·吴子》，中州古籍出版社 2010 年版，第 46 页。

《诗经·秦风·无衣》：

> 岂曰无衣？与子同袍。王于兴师，修我戈矛，与子
> 同仇。岂曰无衣？与子同泽。王于兴师，修我矛戟，与
> 子偕作。岂曰无衣？与子同裳。王于兴师，修我甲兵，
> 与子偕行。①

---

① 〔汉〕毛亨传，〔汉〕郑玄笺，〔唐〕陆德明音义，孔祥军点校：《毛诗传笺》，中华书局 2018 年版，第 168~169 页。

第四章
锋芒所向——御体类短兵

第一节　西来与南传：铜剑的起源与演变

剑是先秦到西汉时期最主要、最重要的格斗短兵之一，由于其形制较为短小，不适于野战战场，加之便于随身佩带，故成为当时主要的防卫御体兵器。

关于古剑的起源，传世文献中都认为是古之圣贤创制万物，兵器也不例外。《孙膑兵法·势备》曰："黄帝作剑，以

陈（阵）象之。"①《山海经·大荒北经》称："蚩尤作兵伐
黄帝。"②《世本·作篇》也说道："蚩尤以金作兵器，蚩尤作
五兵，戈矛戟酋矛夷矛。"③ 将一切事物的起源都假托于圣人
创造，这便是古人对自然界万物起源最朴素的认知。

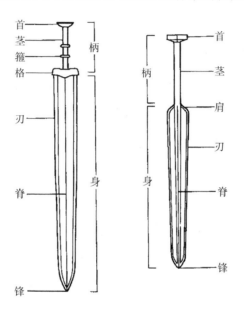

图 4-1④　古剑各部名称示意图

根据考古与文献资料，铜剑在西周时期已初见端倪，但

---

①　张震泽撰：《孙膑兵法校理》，中华书局 1984 年版，第 79 页。

②　〔清〕郝懿行撰，栾保群点校：《山海经笺疏》，中华书局 2021 年版，第
273 页。

③　〔汉〕宋衷注，〔清〕茆泮林辑：《世本》，中华书局 1985 年版，第 107 页。

④　钟少异：《龙泉霜雪：古剑的历史和传说》，生活·读书·新知三联书店
1998 年版，第 2 页。

究竟起源于本土抑或域外，目前尚无统一认识。林梅村先生通过大量考古证据，并结合中亚古语言相关史料，进行了精彩论证，得出初步结论：周代青铜剑是中外文化交流的产物，青铜剑在商代传入中国北方草原和巴蜀地区，以及在周代传入中原应与印欧人在东方的活动有关。① 20 世纪 80 年代以来，北京市文物研究所山戎文化考古队发掘了位于北京延庆的山戎墓葬群，出土文物主要为青铜礼器、兵器。其中发掘的兵器以直刃匕首式青铜短剑和铜镞为大宗，考古人员将直刃匕首式青铜短剑分为 4 式：

> I 式，代表性标本剑体厚重、长大，通长 27.5 厘米、剑格处宽 4.3 厘米。剑身部分较长，横剖面呈菱形，两侧直刃，剑格向下溜肩，剑柄横剖面呈扁圆形，上面铸有两组相背锯齿纹，柄端凸起一对盘羊犄角。
>
> II 式，代表性标本剑身两侧直刃，剑格趋近平直，剑柄横剖面呈扁圆形，作三排透空方格纹，柄端呈椭圆形，中间透空，铸出山羊双目和两只下弯的犄角。通长 26.9 厘米、剑格最宽处 4.4 厘米。
>
> III 式，代表性标本剑体较长大厚重，剑身两侧直

---

① 林梅村：《汉唐西域与中国文明》，文物出版社 1998 年版，第 39~63 页。

刃，横剖面呈菱形，剑格两端略向上翘，剑柄呈扁体，柄端铸出一对幼熊直立接吻的生动图案。通长 29.1 厘米、剑格最宽处 4.3 厘米。

IV 式，代表性标本剑体短小较薄，铜质较差，剑身两侧直刃，剑身相对变短，剑格较平直，剑柄作扁体，其一侧铸饰卷曲蛇纹，柄端则作两条蛇相对聚首状。通长 22 厘米、剑格最宽处 4 厘米。①

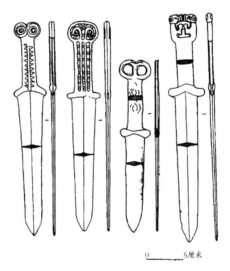

0 ____ 5厘米

图 3-2② 从左至右依次为上述 I 式、II 式、IV 式和 III 式短剑

---

① 北京市文物研究所山戎文化考古队：《北京延庆军都山东周山戎部落墓地发掘纪略》，载《文物》1989 年第 8 期。

② 北京市文物研究所山戎文化考古队：《北京延庆军都山东周山戎部落墓地发掘纪略》，载《文物》1989 年第 8 期。

这种带有动物纹饰剑柄的铜剑早在公元前 8 世纪至 3 世纪南西伯利亚地区的塔加尔文化（Тагарская культура）考古遗址中亦有发现。[①] 这也可以印证上文所述林海村先生的观点，即中原地区的青铜剑应当是通过南西伯利亚草原之路进入长城以北戎夷地区，然后进入中原地区的。

目前中原地区经田野考古发现的最早的青铜剑为西周时期，且出土的春秋中期以前的铜剑屈指可数，但春秋晚期的墓葬中出土的铜剑数量剧增。自 20 世纪 50 年代以来，考古工作者发现了大量春秋晚期至战国时期的青铜剑[②]，说明此时中原地区铜剑的铸造已进入繁盛时期。钟少异先生统计了1950—1985 年见诸报道的 89 批文物，凡铜剑 600 余件。他将春秋晚期至战国时期的中原铜剑基本区分为三类：

    I   整体合铸，剑首呈圆盘形，剑茎呈圆柱形，剑格呈凹形，剑刃前部向内侧收束弧曲，多数剑茎部有两个圆箍，少数剑有三个圆箍或无圆箍；

    II   整体合铸，剑首呈圆形，剑茎呈圆筒形，剑格呈"一"字形，剑刃前部也向内侧收束弧曲；

---

① Киселев С. В. Древняя история Южной Сибири. М. : Изд‐во Академии Наук СССР, 1951. C. 233~250.

② 林寿晋：《东周式铜剑初论》，载《考古学报》1962 年第 2 期。

Ⅲ 剑首、剑格与剑身分铸合装，剑身形制的基本特点是，茎作扁条形，上常有穿孔，折肩，剑刃前部向内侧收束弧曲，习称扁茎剑。[①]

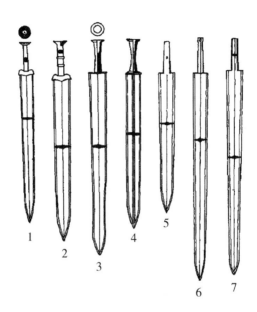

图 4-3[②]　春秋晚期至战国时期的东周式剑

图 4-3 中，1 为湖南资兴旧市出土，长 56 厘米；2 为湖南长沙东郊出土，长 51.7 厘米；3 为四川大邑五龙出土，长

---

① 钟少异：《龙原霜雪：古剑的历史和传说》，生活·读书·新知三联书店 1998 年版，第 77 页。

② 钟少异：《龙泉霜雪：古剑的历史和传说》，生活·读书·新知三联书店 1998 年版，第 78 页。

62.8 厘米；4 为湖南长沙东郊出土，长 48.5 厘米；5 为北京市收集，长 48.2 厘米；6 为四川大邑五龙出土，长 76 厘米；7 为湖南长沙东郊出土，长 70 厘米。① 与山戎时期的图片标本相比，能够看出春秋晚期至战国时期中原地区的铜剑型式已经非常统一了。

值得注意的是，春秋战国之交我国南方地区的铜剑铸造更加发达，20 世纪以来许多重要的田野考古发现证明了这一点。比如山西原平峙峪出土的吴王光剑②、湖北襄阳蔡坡十二号墓出土的吴王夫差剑③、河南辉县发现的另一把吴王夫差剑④。特别要说明的是 1965 年湖北江陵望山楚墓一号墓出土的越王勾践剑⑤，此剑出土时保存尚好，犹如新剑，锋刃锐利，做工精美，全长 55.7 厘米，柄上缠丝绳，剑格处有花纹饰样且嵌以蓝色琉璃，剑身两面通体饰有菱形的花纹，正面近格处有八个错金鸟篆铭文"越王鸠浅自作用剑"，鸠浅就是卧薪尝胆的越王勾践。

① 钟少异：《龙泉霜雪：古剑的历史和传说》，生活·读书·新知三联书店 1998 年版，第 78 页。

② 戴遵德：《原平峙峪出土的东周铜器》，载《文物》1972 年第 4 期。

③ 襄阳首届亦工亦农考古训练班：《襄阳蔡坡 12 号墓出土吴王夫差剑等文物》，载《文物》1976 年第 11 期。

④ 辉县百泉文物保管所、崔墨林：《河南辉县发现吴王夫差铜剑》，载《文物》1976 年第 11 期。

⑤ 湖北省文化局文物工作队：《湖北江陵三座楚墓出土大批重要文物》，载《文物》1966 年第 5 期。

图 4-4①　湖北江陵望山楚墓一号墓出土的越王勾践剑

春秋晚期吴越两国相继崛起，铸剑文化便是两国崛起的显著成就。钟少异先生曾列表总结了 20 世纪 50 年代至 90 年代初各地出土的具有代表性的吴王剑与越王剑。其中出土吴王剑 9 件，属吴王诸樊 1 件，属吴王阖闾 3 件，属吴王夫差 3 件，不明归属 2 件，最长者为 1976 年河南辉县出土的吴王夫差剑，长 59.1 厘米，最短者仅 33 厘米（残）。② 我们根据钟少异先生所列表格计算出出土的 9 件吴王剑平均长度约为 46.02 厘米。出土越王剑 9 件，属越王勾践 1 件，属越王鹿郢 1 件，属越王盲姑 1 件，属越王朱句 2 件，属晚期越王 3 件，不明归属者 1 件，其中最长者是 1987 年安徽安庆出土的越王盲姑用剑，长 64 厘米，最短者也有 56.2 厘米。③ 根据所列表格计算出 9 件越王剑平均长度约为 58.47 厘米。需要说明的是，吴为越所灭，越又为楚所灭，所以上述越王剑一半出土于湖北地区。由此可以看出，吴越时期的名剑较之西周时期的青铜剑，其铸造

① 成东、钟少异：《中国古代兵器图集》，解放军出版社 1990 年版，第 85 页。

② 钟少异：《龙泉霜雪：古剑的历史和传说》，生活·读书·新知三联书店 1998 年版，第 43 页。

③ 钟少异：《龙泉霜雪：古剑的历史和传说》，生活·读书·新知三联书店 1998 年版，第 44 页。

水平、长度均已大幅提升。吴越名剑因其优良的质地，在后世的典籍记载和传说中也常出现。钟少异先生曾对这些传说列表总结①，兹录于下：

剑名	异写	别称	属主	出处
干将		吴干	吴王阖闾	《荀子·性恶》《战国策·赵策三》《吕氏春秋·疑似》
莫邪	镆铘、镆鎁镆邪、镆釾 莫耶		吴王阖闾	《太平御览》卷三四四引《墨子》、《荀子·性恶》、《庄子·大宗师》、《庄子·庚桑楚》、《淮南子·说山训》、《说文》、《广雅·释器》、《盐铁论·论勇》
钜阙	巨阙		越王允常 吴王阖闾	《荀子·性恶》《新序·杂事》《太平御览》卷三四三引《吴越春秋》
辟间			吴王阖闾	《荀子·性恶》《新序·杂事》

① 钟少异：《龙泉霜雪：古剑的历史和传说》，生活·读书·新知三联书店1998年版，第47页。

（续表）

剑名	异写	别称	属主	出处
时耗			吴王阖闾	《越绝书·外传记吴地传》
纯钧	淳均、淳钧淳钩、纯钩醇钧		越王允常	《淮南子·览冥训》《淮南子·齐俗训》《淮南子·修务训》《广雅·释器》《太平御览》卷三四三引《吴越春秋》
湛卢			越王允常吴王阖闾	《太平御览》卷三四三引《吴越春秋》、《吴越春秋·阖闾内传》
豪曹		盘（磬）郢	越王允常吴王阖闾	《太平御览》卷三四三引《吴越春秋》、《吴越春秋·阖闾内传》
鱼肠	鱼腹		越王允常吴王阖闾	《淮南子·修务训》、《太平御览》卷三四三引《吴越春秋》、《吴越春秋·阖闾内传》
屬镂	獨鹿、屬娄屬鹿、屬卢		吴王夫差	《左传·哀公十一年》、《史记·吴太伯世家》、《荀子·成相》、《古文苑》卷四扬雄《太玄赋》、《吴越春秋·勾践伐吴外传》、《广雅·释器》

（续表）

剑名	异写	别称	属主	出处
步光			越王允常？ 越王勾践 吴王夫差	《史记·仲尼弟子列传》
干隊	干遂、干隧			《广雅·释器》《吕氏春秋·知分》《淮南子·道应训》

吴越地区古剑的发达程度由此可见一斑。《史记·吴太伯世家》记载了"季札赠剑"的故事，徐君对季札的随身佩剑如此喜爱，反映了吴国当时高超的铸剑水平。《史记·伍子胥列传》也记载了伍子胥逃难渡江之时，为答谢载其渡江的渔夫，赠其随身佩带的宝剑。《考工记》也说道："吴粤之剑，迁乎其地而弗能为良。"[1] 楚灭越后，将原吴越之国吞并，工匠物什等一应器具虏回楚地，所以楚国很快就掌握了吴越的铸剑工艺。《楚辞·国殇》曰："带长剑兮挟秦弓。"《史记》载秦昭王曰："吾闻楚之铁剑利而倡优拙。夫铁剑利则士勇，倡优拙则思虑远。夫以远思虑而御勇士，吾恐楚之图秦也。"[2] 这说明楚国不但掌握了吴越精湛

---

① 闻人军译注：《考工记译注》，上海古籍出版社 2008 年版，第 25 页。
② 〔汉〕司马迁：《史记》，中华书局 2014 年版，第 2933 页。

的铸剑工艺，而且冶铁技术也走在了各诸侯国的前列。

　　战国时期开始逐渐出现铁制兵器的身影。除楚地外，1965 年在河北易县燕下都遗址 44 号墓中发掘出土了 50 余件铁兵器，仅剑一种就有 15 件，长 73.2—100.4 厘米不等，形制较为统一。① 经过专家分析鉴定，剑的锻造工艺已经包含了淬火技术，这是我国出土的古代兵器中已知最早的淬火钢铁兵器，这表明我国至迟在公元前三世纪初叶已将可锻铸铁广泛应用于兵器、农具，并且可适当控制其组织。② 然而，各地区的技术发展显然是不平衡的。秦始皇陵兵马俑丛葬坑的两次发掘中出土了大量兵器，其中绝大多数都是青铜制品；出土的剑较长，且表面经过铬盐氧化处理，但依然是青铜制成。③ 进入汉代以后，兵器的质地才逐渐完成了由铜至铁的过渡。

---

　　① 河北省文物管理处：《河北易县燕下都 44 号墓发掘报告》，载《考古》1975 年第 4 期。

　　② 北京钢铁学院压力加工专业：《易县燕下都 44 号墓葬铁器金相考察初步报告》，载《考古》1975 年第 4 期。

　　③ 始皇陵秦俑坑考古发掘队：《临潼县秦俑坑试掘第一号简报》，载《文物》1975 年第 11 期；皇陵秦俑坑考古发掘队：《秦始皇陵东侧第二号兵马俑坑钻探试掘简报》，载《文物》1978 年第 5 期；秦俑坑考古队：《秦始皇陵东侧第三号兵马俑坑清理简报》，载《文物》1979 年第 12 期。

第二节　侠客与侠义：
《史记》中的剑（匕首）

通过上一节的讨论，可知剑的起源问题仍然十分复杂，铜剑应当是发源于西域游牧地区，通过蒙古高原传入中原；同时南方地区铸剑的传统可能早于中原地区，东周式剑当是同时受到来自南北两个地区的影响。从人类学角度来看，活动在广袤欧亚大陆上的众多游牧部落，日常饮食以肉酪为主要食材，在宰杀、进食猎物时，都需要"剑"这种利刃对其进行切割；就地理条件而言，我国长江以南地区地势起伏较大、丛林密集、河湖众多，不适于展开大规模的车战。在这种地形条件下，士兵需要拉近战斗距离方可进行厮杀，战场的形势促进了吴越地区青铜短剑的发达。而中原地区自商周以降，采取的作战方式是以车战为主，如前图 3-13、3-14所示，在战车错毂进行厮杀时，双方将士是根本无法使用剑进行格斗的。通过前节所引资料可知，东周时期的铜剑长度普遍在 30—50 厘米之间，所以也根本无法与戈、矛等长兵对抗。这些特性决定了剑只能作为御体自卫的短兵，《史记》中描写的用剑的场景和相关考古资料共同印证了这一点。剑

是《史记》中书写最多的一种兵器，凡44篇（卷）。《史记》
中的剑再现了剑自卫御体（当然也包括自裁）的特征，但更
重要的是也承载了古代英雄人物的侠义精神。

《史记》中的剑

序号	出处	修订本页码
1	卷四《周本纪》 　　遂入，至纣死所。武王自射之，三发而后下车，以轻剑击之，以黄钺斩纣头，县大白之旗。	第161页
	《周本纪》 　　武王又射三发，击以剑，斩以玄钺，县其头小白之旗。	第161页
	《周本纪》 　　散宜生、太颠、闳夭皆执剑以卫武王。	第162页
	《周本纪》 　　养由基怒，释弓搤剑，曰"客安能教我射乎"？	第206页

（续表）

序号	出处	修订本页码
2	卷五《秦本纪》 简公六年，令吏初带<u>剑</u>。	第253页
3	卷六《秦始皇本纪》 己酉，王冠，带<u>剑</u>。	第293页
	《秦始皇本纪》 将闾乃仰天大呼天者三，曰："天乎！吾无罪！"昆弟三人皆流涕拔<u>剑</u>自杀。	第340页
	《秦始皇本纪》 （简公）生惠公。其七年，百姓初带<u>剑</u>。	第361页
4	卷七《项羽本纪》 项籍少时，学书不成，去；学<u>剑</u>，又不成。项梁怒之。籍曰："书足以记名姓而已。<u>剑</u>一人敌，不足学，学万人敌。"	第380页

（续表）

序号	出处	修订本页码
	《项羽本纪》 　　是时桓楚亡在泽中。梁曰："桓楚亡，人莫知其处，独籍知之耳。"梁乃出，诫籍持剑居外待。梁复入，与守坐，曰："请召籍，使受命召桓楚。"守曰："诺。"梁召籍入。须臾，梁眴籍曰："可行矣！"于是籍遂拔剑斩守头。	第381页
4	《项羽本纪》 　　范增起，出召项庄，谓曰："君王为人不忍，若入前为寿，寿毕，请以剑舞，因击沛公于坐，杀之。不者，若属皆且为所虏。"庄则入为寿。寿毕，曰："君王与沛公饮，军中无以为乐，请以剑舞。"项王曰："诺。"项庄拔剑起舞，项伯亦拔剑起舞，常以身翼蔽沛公，庄不得击。于是张良至军门，见樊哙。樊哙曰："今日之事何如？"良曰："甚急。今者项庄拔剑舞，其意常在沛公也。"哙曰："此迫矣，臣请入，与之同命。"哙即带剑拥盾入军门。交戟之卫士欲止不内，樊哙侧其盾以撞，卫士仆地，哙遂入，披帷西向立，瞋目视项王，头	

（续表）

序号	出处	修订本页码
4	发上指，目眦尽裂。项王按剑而跽曰："客何为者？"张良曰："沛公之参乘樊哙者也。"项王曰："壮士，赐之卮酒。"则与斗卮酒。哙拜谢，起，立而饮之。项王曰："赐之彘肩。"则与一生彘肩。樊哙覆其盾于地，加彘肩上，拔剑切而啖之。	第399—400页
	《项羽本纪》 　沛公则置车骑，脱身独骑，与樊哙、夏侯婴、靳强、纪信等四人持剑盾步走，从郦山下，道芷阳间行。	第401页
	《项羽本纪》 　亚父受玉斗，置之地，拔剑撞而破之，曰："唉！竖子不足与谋。夺项王天下者，必沛公也，吾属今为之虏矣。"	第401页
5	卷八《高祖本纪》 　高祖醉，曰："壮士行，何畏！"乃前，拔剑击斩蛇。	第442页
	《高祖本纪》 　于是高祖嫚骂之曰："吾以布衣提三尺剑取天下，此非天命乎？命乃在天，虽扁鹊何益！"	第491页

（续表）

序号	出处	修订本页码
6	卷二十四《乐书》 　　散军而郊射，左射狸首，右射驺虞，而贯革之射息也；裨冕搢笏，而虎贲之士税剑也；祀乎明堂，而民知孝；朝觐，然后诸侯知所以臣；耕藉，然后诸侯知所以敬；五者，天下之大教也。	第1459—1460页
7	卷三十一《吴太伯世家》 　　徐君好季札剑，口弗敢言。季札心知之，为使上国，未献。还至徐，徐君已死，于是乃解其宝<u>剑</u>，系之徐君冢树而去。	第1763页
	《吴太伯世家》 　　吴王闻之，大怒，赐子胥属镂之<u>剑</u>以死。	第1777页
8	卷三十九《晋世家》 　　里克对曰："不有所废，君何以兴？欲诛之，其无辞乎？乃言为此！臣闻命矣。"遂伏<u>剑</u>而死。	第1994页

（续表）

序号	出处	修订本页码
9	卷四十一《越王勾践世家》 　　王始不从，乃使子胥于齐，闻其托子于鲍氏，王乃大怒，曰："伍员果欺寡人，欲反！"使人赐子胥属镂<u>剑</u>以自杀。	第 2104 页
	《越王勾践世家》 　　人或谗种且作乱，越王乃赐种<u>剑</u>曰："子教寡人伐吴七术，寡人用其三而败吴，其四在子，子为我从先王试之。"种遂自杀。	第 2107 页
10	卷四十六《田敬仲完世家》 　　王勃然不说，去琴按<u>剑</u>曰："夫子见容未察，何以知其善也？"	第 2290 页
11	卷四十七《孔子世家》 　　于是旍旄羽袚矛戟<u>剑</u>拨鼓噪而至。	第 2321 页
12	卷四十八《陈涉世家》 　　尉<u>剑</u>挺，广起，夺而杀尉。陈胜佐之，并杀两尉。	第 2368 页

（续表）

序号	出处	修订本页码
13	卷五十三《萧相国世家》 　　于是乃令萧何第一，赐带剑履上殿，入朝不趋。	第 2449 页
	卷五十六《陈丞相世家》 　　陈平惧诛，乃封其金与印，使使归项王，而平身间行杖剑亡。	第 2495 页
14	《陈丞相世家》 　　王陵者，故沛人，始为县豪，高祖微时，兄事陵。陵少文，任气，好直言。及高祖起沛，入至咸阳，陵亦自聚党数千人，居南阳，不肯从沛公。及汉王之还攻项籍，陵乃以兵属汉。项羽取陵母置军中，陵使至，则东乡坐陵母，欲以招陵。陵母既私送使者，泣曰："为老妾语陵，谨事汉王。汉王，长者也，无以老妾故，持二心。妾以死送使者。"遂伏剑而死。	第 2502 页

（续表）

序号	出处	修订本页码
15	卷五十八《梁孝王世家》 　　而梁王闻其义出于袁盎诸大臣所，怨望，使人来杀袁盎。袁盎顾之曰："我所谓袁将军者也，公得毋误乎？"刺者曰："是矣！"刺之，置其**剑**，**剑**著身。视其**剑**，新治。问长安中削厉工，工曰："梁郎某子来治此**剑**。"	第 2542 页
16	卷六十六《伍子胥列传》 　　伍胥遂与胜独身步走，几不得脱。追者在后。至江，江上有一渔父乘船，知伍胥之急，乃渡伍胥。伍胥既渡，解其**剑**曰："此**剑**直百金，以与父。"父曰："楚国之法，得伍胥者赐粟五万石，爵执珪，岂徒百金**剑**邪！"不受。	第 2643 页
	《伍子胥列传》 　　乃使使赐伍子胥属镂之**剑**，曰："子以此死。"	第 2650 页
	《伍子胥列传》 　　胜自砺**剑**，人问曰："何以为？"胜曰："欲以杀子西。"子西闻之，笑曰："胜如卵耳，何能为也。"	第 2653 页

（续表）

序号	出处	修订本页码
17	卷六十九《苏秦列传》 韩卒之剑戟皆出于冥山、棠谿、墨阳、合赙、邓师、宛冯、龙渊、太阿，皆陆断牛马，水截鹄雁，当敌则斩。坚甲、铁幕，革抉、咙芮，无不毕具。以韩卒之勇，被坚甲，跖劲弩，带利剑，一人当百，不足言也。	第 2734 页
	《苏秦列传》 于是韩王勃然作色，攘臂瞋目，按剑仰天太息曰："寡人虽不肖，必不能事秦。今主君诏以赵王之教，敬奉社稷以从。"	第 2737 页
18	卷七十三《白起王翦列传》 秦王乃使使者赐之剑自裁。武安君引剑将自刭，曰："我何罪于天而至此哉？"良久，曰："我固当死。长平之战，赵卒降者数十万人，我诈而尽阬之，是足以死。"遂自杀。	第 2838 页

序号	出处	修订本页码
19	卷七十五《孟尝君列传》 　　孟尝君问传舍长曰："客何所为？"答曰："冯先生甚贫，犹有一剑耳，又蒯缑。弹其剑而歌曰'长铗归来乎，食无鱼'。"孟尝君迁之幸舍，食有鱼矣。五日，又问传舍长。答曰："客复弹剑而歌曰'长铗归来乎，出无舆'。"孟尝君迁之代舍，出入乘舆车矣。五日，孟尝君复问传舍长。舍长答曰："先生又尝弹剑而歌曰'长铗归来乎，无以为家'。"孟尝君不悦。	第 2868 页
20	卷七十六《平原君虞卿列传》 　　毛遂按剑历阶而上，谓平原君曰："从之利害，两言而决耳。今日出而言从，日中不决，何也？"楚王谓平原君曰："客何为者也？"平原君曰："是胜之舍人也。"楚王叱曰："胡不下！吾乃与而君言，汝何为者也！"毛遂按剑而前曰："王之所以叱遂者，以楚国之众也。今十步之内，王不得恃楚国之众也，王之命县于遂手。"	第 2877 页

（续表）

序号	出处	修订本页码
21	卷七十九《范雎蔡泽列传》 　　昭王曰："吾闻楚之铁剑利而倡优拙。夫铁剑利则士勇，倡优拙则思虑远。夫以远思虑而御勇士，吾恐楚之图秦也。夫物不素具，不可以应卒，今武安君既死，而郑安平等畔，内无良将而外多敌国，吾是以忧。"	第 2933 页
	《范雎蔡泽列传》 　　身所服者七十余城，功已成矣，而遂赐剑死于杜邮。	第 2938 页
22	卷八十三《鲁仲连邹阳列传》 　　邹之群臣曰："必若此，吾将伏剑而死。"固不敢入于邹。	第 2986 页
	《鲁仲连邹阳列传》 　　曹子弃三北之耻，而退与鲁君计。桓公朝天下，会诸侯，曹子以一剑之任，枝桓公之心于坛坫之上，颜色不变，辞气不悖，三战之所亡一朝而复之，天下震动，诸侯惊骇，威加吴、越。	第 2991 页
	《鲁仲连邹阳列传》 　　苏秦相燕，燕人恶之于王，王按剑而怒，食以驺骄；白圭显于中山，中山人恶之魏文侯，文侯投之以夜光之璧。	第 2995 页

（续表）

序号	出处	修订本页码
22	《鲁仲连邹阳列传》 　　臣闻明月之珠，夜光之璧，以暗投人于道路，人无不按剑相眄者。	第3000页
	《鲁仲连邹阳列传》 　　今夫天下布衣穷居之士，身在贫贱，虽蒙尧、舜之术，挟伊、管之辩，怀龙逢、比干之意，欲尽忠当世之君，而素无根柢之容，虽竭精思，欲开忠信，辅人主之治，则人主必有按剑相眄之迹，是使布衣不得为枯木朽株之资也。	第3001页
23	卷八十六《刺客列传》 　　于是襄子大义之，乃使使持衣与豫让。豫让拔剑三跃而击之，曰："吾可以下报智伯矣！"遂伏剑自杀。	第3060页
	《刺客列传》 　　聂政乃辞，独行杖剑至韩，韩相侠累方坐府上，持兵戟而卫侍者甚众。	第3063页
	《刺客列传》 　　荆卿好读书击剑，以术说卫元君，卫元君不用。	第3066页

（续表）

序号	出处	修订本页码
	《刺客列传》 　　荆轲尝游过榆次，与盖聂论剑，盖聂怒而目之。荆轲出，人或言复召荆卿。盖聂曰："曩者吾与论剑有不称者，吾目之；试往，是宜去，不敢留。"	第3067页
23	《刺客列传》 　　轲既取图奏之秦王，发图，图穷而匕首见。因左手把秦王之袖，而右手持匕首揕之。未至身，秦王惊，自引而起，袖绝。拔剑，剑长，操其室。时惶急，剑坚，故不可立拔。荆轲逐秦王，秦王环柱而走。群臣皆愕，卒起不意，尽失其度。而秦法，群臣侍殿上者不得持尺寸之兵；诸郎中执兵皆陈殿下，非有诏召不得上。方急时，不及召下兵，以故荆轲乃逐秦王。而卒惶急，无以击轲，而以手共搏之。是时侍医夏无且以其所奉药囊提荆轲也。秦王方环柱走，卒惶急，不知所为，左右乃曰："王负剑！"负剑，遂拔以击荆轲，断其左股。荆轲废，乃引其匕首以擿秦王，不中，中桐柱。	第3075页

序号	出处	修订本页码
23	《刺客列传》 　　鲁句践已闻荆轲之刺秦王，私曰："嗟乎，惜哉其不讲于刺剑之术也！甚矣吾不知人也！曩者吾叱之，彼乃以我为非人也！"	第 3078 页
24	卷八十七《李斯列传》 　　诸侯名士可下以财者，厚遗结之；不肯者，利剑刺之。	第 3085 页
	《李斯列传》 　　今陛下致昆山之玉，有随、和之宝，垂明月之珠，服太阿之剑，乘纤离之马，建翠凤之旗，树灵鼍之鼓。	第 3088 页
25	卷九十一《黥布列传》 　　"臣请与大王提剑而归汉，汉王必裂地而封大王，又况淮南，淮南必大王有也。故汉王敬使使臣进愚计，愿大王之留意也。"	第 3155 页

（续表）

序号	出处	修订本页码
26	**卷九十二《淮阴侯列传》** 　　淮阴屠中少年有侮信者，曰："若虽长大，好带刀剑，中情怯耳。"众辱之曰："信能死，刺我；不能死，出我袴下。"于是信孰视之，俛出袴下，蒲伏。一市人皆笑信，以为怯。	第 3166 页
	《淮阴侯列传》 　　及项梁渡淮，信杖剑从之，居戏下，无所知名。	第 3166 页
27	**卷九十五《樊郦滕灌列传》** 　　项羽既飨军士，中酒，亚父谋欲杀沛公，令项庄拔剑舞坐中，欲击沛公，项伯常屏蔽之。	第 3218 页
	《樊郦滕灌列传》 　　哙既饮酒，拔剑切肉食，尽之。	第 3218 页

（续表）

序号	出处	修订本页码
28	**卷九十六《张丞相列传》** 　　魏丞相相者，济阴人也。以文吏至丞相。其人好武，皆令诸吏带剑，带剑前奏事。或有不带剑者，当入奏事，至乃借剑而敢入奏事。	第 3255 页
29	**卷九十七《郦生陆贾列传》** 　　陆生常安车驷马，从歌舞鼓琴瑟侍者十人，宝剑直百金，谓其子曰："与汝约：过汝，汝给吾人马酒食，极欲，十日而更。所死家，得宝剑车骑侍从者。一岁中往来过他客，率不过再三过，数见不鲜，无久恩公为也。"	第 3270 页
	《郦生陆贾列传》 　　郦生瞋目案剑叱使者曰："走！复入言沛公，吾高阳酒徒也，非儒人也。"	第 3275 页
30	**卷九十九《刘敬叔孙通列传》** 　　群臣饮酒争功，醉或妄呼，拔剑击柱，高帝患之。	第 3296 页

（续表）

序号	出处	修订本页码
31	卷一百一《袁盎晁错列传》 今苟欲劾治，彼不上书告君，即利<u>剑</u>刺君矣。	第3319页
32	卷一百三《万石张叔列传》 景帝幸上林，诏中郎将参乘，还而问曰："君知所以得参乘乎？"绾曰："臣从车士幸得以功次迁为中郎将，不自知也。"上问曰："吾为太子时召君，君不肯来，何也？"对曰："死罪，实病！"上赐之<u>剑</u>。绾曰："先帝赐臣<u>剑</u>，凡六<u>剑</u>，不敢奉诏。"上曰："<u>剑</u>，人之所施易，独至今乎？"绾曰："具在。"上使取六<u>剑</u>，<u>剑</u>尚盛，未尝服也。	第3351页
33	卷一百四《田叔列传》 叔喜<u>剑</u>，学黄老术于乐巨公所。	第3359页
	《田叔列传》 其后有诏募择卫将军舍人以为郎，将军取舍人中富给者，令具鞍马绛衣玉具<u>剑</u>，欲入奏之。	第3365页

（续表）

序号	出处	修订本页码
34	卷一百五《扁鹊仓公列传》 　至春，竖奉剑从王之厕，王去，竖后，王令人召之，即仆于厕，呕血死。	第 3391 页
35	卷一百八《韩长孺列传》 　安国曰："夫太上、临江亲父子之闲，然而高帝曰'提三尺剑取天下者朕也'，故太上皇终不得制事，居于栎阳。"	第 3460 页
36	卷一百一十二《平津侯主父列传》 　今天下锻甲砥剑，桥箭累弦，转输运粮，未见休时，此天下之所共忧也。	第 3584 页
37	卷一百一十七《司马相如列传》 　司马相如者，蜀郡成都人也，字长卿。少时好读书，学击剑，故其亲名之曰犬子。	第 3637 页
38	卷一百一十八《淮南衡山列传》 　元朔五年，太子学用剑，自以为人莫及，闻郎中雷被巧，乃召与戏。	第 3748 页

（续表）

序号	出处	修订本页码
39	卷一百一十九《循吏列传》 　　李离曰："理有法，失刑则刑，失死则死。公以臣能听微决疑，故使为理。今过听杀人，罪当死。"遂不受令，伏剑而死。	第3771页
	《循吏列传》 　　李离过杀而伏剑，晋文以正国法。	第3771页
40	卷一百二十三《大宛列传》 　　上邽骑士赵弟最少，拔剑击之，斩郁成王，赍头。弟、桀等逐及大将军。	第3856页
41	卷一百二十四《游侠列传》 　　楚田仲以侠闻，喜剑，父事朱家，自以为行弗及。	第3869页
42	卷一百二十七《日者列传》 　　齐张仲、曲成侯以善击刺学用剑，立名天下。	第3914页
43	卷一百二十九《货殖列传》 　　游闲公子，饰冠剑，连车骑，亦为富贵容也。	第3969页

（续表）

序号	出处	修订本页码
44	卷一百三十《太史公自序》 　　自司马氏去周适晋，分散，或在卫，或在赵，或在秦。其在卫者，相中山。在赵者，以传剑论显，蒯聩其后也。	第 3990 页
	《太史公自序》 　　非信廉仁勇不能传兵论剑，与道同符，内可以治身，外可以应变，君子比德焉。	第 4019 页

　　《史记》中记录了众多兵器，与兵器相关的最具古代侠义精神的则是使用剑的诸多刺客。司马迁为这些剑客作传，名曰《刺客列传》。其中记载了精通剑术的刺客豫让、聂政、曹沫、专诸、荆轲的"士为知己者死"的侠义精神。他们皆是练剑、爱剑之士，比如聂政曾"独行仗剑至韩"，荆轲喜欢"读书击剑"，并与剑术名士盖聂"论剑"。在执行刺杀任务时，剑客们往往喜欢选取更加短小精悍之剑，即匕首。《吴太伯世家》载："公子光详为足疾，入于窟室，使专诸置匕首于炙鱼之中以进食。手匕首刺王僚，铍交于匈，遂弑王僚。"司马贞《史记索隐》曰："刘氏曰：'匕首，短剑也。'按：盐铁论以为长尺八寸。通俗文云：'其头类匕，故曰匕首

也'。"《汉书·邹阳传》载："故秦皇帝任中庶子蒙嘉之言，以信荆轲，而匕首窃发。"颜师古解释道："匕首，短剑也。其首类匕，便于用也。"

《史记》中的匕首也成为剑客手中的利器，成了他们报主还恩的重要兵器。《史记》中记载匕首的共有 5 篇（卷），计 17 次，而这些匕首都与刺杀行动有关，兹列表如下：

《史记》中的匕首

序号	出处	修订本页码
1	卷三十一《吴太伯世家》 　　公子光详为足疾，入于窟室，使专诸置匕首于炙鱼之中以进食。手匕首刺王僚，铍交于匈，遂弑王僚。	第 1767 页
2	卷三十二《齐太公世家》 　　鲁将盟，曹沫以匕首劫桓公于坛上，曰："反鲁之侵地！"桓公许之。已而曹沫去匕首，北面就臣位。	第 1800 页
3	卷八十三《鲁仲连邹阳列传》 　　故秦皇帝任中庶子蒙嘉之言，以信荆轲之说，而匕首窃发；周文王猎泾、渭，载吕尚而归，以王天下。	第 3001 页

（续表）

序号	出处	修订本页码
4	卷八十六《刺客列传》 桓公与庄公既盟于坛上，曹沫执匕首劫齐桓公，桓公左右莫敢动，而问曰："子将何欲？"	第3053—3054页
	《刺客列传》 既已言，曹沫投其匕首，下坛，北面就群臣之位，颜色不变，辞令如故。	第3054页
	《刺客列传》 酒既酣，公子光详为足疾，入窟室中，使专诸置匕首鱼炙之腹中而进之。既至王前，专诸擘鱼，因以匕首刺王僚，王僚立死。	第3056页
	《刺客列传》 乃变名姓为刑人，入宫涂厕，中挟匕首，欲以刺襄子。	第3058页
	《刺客列传》 于是太子豫求天下之利匕首，得赵人徐夫人匕首，取之百金，使工以药淬之，以试人，血濡缕，人无不立死者。	第3073页

（续表）

序号	出处	修订本页码
4	《刺客列传》 　　荆轲怒，叱太子曰："何太子之遣？往而不返者，竖子也！且提一匕首入不测之强秦，仆所以留者，待吾客与俱。今太子迟之，请辞决矣！"遂发。	第 3073 页
	《刺客列传》 　　轲既取图奏之秦王，发图，图穷而匕首见。因左手把秦王之袖，而右手持匕首揕之。	第 3075 页
	《刺客列传》 　　荆轲废，乃引其匕首以擿秦王，不中，中铜柱。	第 3075 页
5	卷一百三十《太史公自序》 　　曹子匕首，鲁获其田，齐明其信；豫让义不为二心。作刺客列传第二十六。	第 4022 页

　　在上述所记剑客行动中，最家喻户晓的当属"荆轲刺秦"一事。司马迁详细记述了刺杀行动的细节：

荆轲奉樊於期头函，而秦舞阳奉地图柙，以次进。至陛，秦舞阳色变振恐，群臣怪之。荆轲顾笑舞阳，前谢曰："北蕃蛮夷之鄙人，未尝见天子，故振慑。愿大王少假借之，使得毕使于前。"秦王谓轲曰："取舞阳所持地图。"轲既取图奏之秦王，发图，图穷而匕首见。因左手把秦王之袖，而右手持匕首揕之。未至身，秦王惊，自引而起，袖绝。拔剑，剑长，操其室。时惶急，剑坚，故不可立拔。荆轲逐秦王，秦王环柱而走。群臣皆愕，卒起不意，尽失其度。而秦法，群臣侍殿上者不得持尺寸之兵；诸郎中执兵皆陈殿下，非有诏召不得上。方急时，不及召下兵，以故荆轲乃逐秦王。而卒惶急，无以击轲，而以手共搏之。是时侍医夏无且以其所奉药囊提荆轲也。秦王方环柱走，卒惶急，不知所为，左右乃曰："王负剑！"负剑，遂拔以击荆轲，断其左股。荆轲废，乃引其匕首以擿秦王，不中，中桐柱。秦王复击轲，轲被八创。轲自知事不就，倚柱而笑，箕踞以骂曰："事所以不成者，以欲生劫之，必得约契以报太子也。"于是左右既前杀轲，秦王不怡者良久。[1]

---

[1] 〔汉〕司马迁：《史记》，中华书局2014年版，第3074～3075页。

在这场刺杀行动中，匕首起到了画龙点睛的作用。荆轲好击剑（匕首）、与盖聂论剑（匕首）、持匕首慷慨西行、藏匕首于图中、揕匕首刺杀、掷匕首不中，匕首在整篇文章中起到了穿针引线的作用。类似的书写手法在司马迁记述"曹沫挟齐桓""专诸刺王僚"等历史事件中亦表现得恰到好处。当然，除了文学渲染，通过理性的分析，我们可以推知荆轲刺秦的失败也是由于兵器（剑）的局限性。

武谚云："一寸长，一寸强；一寸短，一寸险。"虽然青铜剑普遍较短，但战国末期的秦国铜剑有明显增长的迹象。秦始皇陵兵马俑丛葬坑中出土了大量青铜兵器，剑是其中一类。从目前复原武士俑的手势可以做出判断，剑及戟、弩、矛、殳、铍等应为武士俑所持或佩带。入秦始皇帝陵博物院实地参观，丛葬坑中的陶俑经专家整理修复，呈一行行、一列列整齐有序、气势雄伟的军阵，单个陶俑威武壮硕，再加上对出土兵器的观摩，我们眼前浮现出两千多年前那贯颐奋戟、荷矛持弩、佩剑拥盾、横扫六国的百万锐士。这支令六国胆寒的虎狼之师随身所佩铜剑的长度早已超过了东周式剑。经考古专家整理测量：

一号丛葬坑共出土铜剑7件，其中2件出土于长廊内，5件出土于过洞内。完整的3件，可分二式。Ⅰ式：

圆首剑 1 件，首作圆盘形，和茎一次铸成。茎分两段，前段断面为椭圆形，后段圆形，两段用子母铆套合，固以铜钉。格隆起呈菱形。剑身中间起脊，纵与刃交接处亦棱脊明显。通长 81 厘米、茎长 19 厘米、宽 2—3.6 厘米。出土时装入木鞘内，鞘已朽，上附铜璏、骨饰。II 式：扁茎剑 2 件，剑身、格同 I 式剑，茎扁平。刃锋锐利，未锈，呈银白色。II 式甲剑通长 89 厘米、身宽 2—3.6 厘米、茎长 16.7 厘米；乙剑通长 91.3 厘米、身宽 2—3.2 厘米、茎长 18.4 厘米。①

二号丛葬坑出土铜剑残节五件。其中铜剑柄一件，在 T9 将军俑旁出土；铜剑尖子四件，在 T5 站立步兵俑身旁出土二件，在 T10 蹲跪式背弓俑和 T14 骑兵俑身旁各出土一件，长 3.5—13.5 厘米，锋锐，刃部锋利，呈银白色。另外，在 T4、T5、T10、T12、T14 共出土铜剑鞘头十三件，铜剑格一件。②

三号丛葬坑出土铜剑鞘头一件，中空，长 2.5 厘米、

---

① 始皇陵秦俑坑考古发掘队：《临潼县秦俑坑试掘第一号简报》，载《文物》1975 年第 11 期。以上为考古工作人员初步整理的简报。后来经过全面整理研究，共发现出土铜剑完整的 17 件。（陕西省考古研究所、始皇陵秦俑坑发掘队编著：《秦始皇陵兵马俑坑一号坑发掘报告 1974—1984》，文物出版社 1988 年版，第 249 页。）

② 皇陵秦俑坑考古发掘队：《秦始皇陵东侧第二号兵马俑坑钻探试掘简报》，载《文物》1978 年第 5 期。

宽 6 厘米、高 2.2—2.6 厘米。铜剑残柄一件，残长 19 厘米、宽 1.6 厘米、厚 0.3 厘米。[①]

需要说明的是，1975 年发表的《临潼县秦俑坑试掘第一号简报》将出土铜剑分为二式。1988 年出版的《秦始皇陵兵马俑坑一号坑发掘报告 1974—1984》将出土铜剑分为三式。钟少异先生认为，正式考古报告中 II 式剑和 III 式剑区别不大，可合为一式。此外，由于二号坑、三号坑主要为车马和将军俑，铜剑出土数量极少，故出土铜剑主要以一号坑为主。钟少异先生对一号坑出土铜剑的两种型式做了进一步归纳：

　　I　扁茎、折肩，茎、身之间套装凹形铜剑格，茎末端装圆盘形铜剑首（如图 4-5 中 1 所示）；

　　II　扁茎、折肩，茎、身之间套装"一"字形铜剑格，茎末端装帽形铜剑首，其截面呈扁菱形，上有顶，下开口，套于茎端（如图 4-5 中 2、3 所示）。[②]

---

① 秦俑坑考古队：《秦始皇陵东侧第三号兵马俑坑清理简报》，载《文物》1979 年第 12 期。

② 钟少异：《龙泉霜雪：古剑的历史和传说》，生活·读书·新知三联书店 1998 年版，第 205 页。

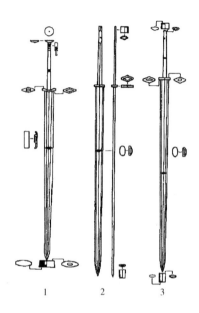

铜剑　秦　陕西临潼秦始皇陵兵马俑坑出土

1. 长 81cm；2. 长 92.8cm；3. 长 89.6cm

图 4-5①　秦始皇陵兵马俑一号坑出土铜剑示意图

由上可知，荆轲刺秦时秦王所用之剑当在一米左右，甚至更长。所以秦王在拔剑时出现了"拔剑，剑长，操其室"的情况，加之汉服宽衣博带，袖宽且长，致使秦王不得不采用"负剑"的姿势才可将其拔出。秦剑锋利无比，考古人员对秦始皇陵兵马俑一号坑出土的铜剑进行了试验，实验结果

---

① 钟少异：《龙泉霜雪：古剑的历史和传说》，生活·读书·新知三联书店1998 年版，第 206 页。

表明，尘封两千年的铜剑一次尚能划透 18 层纸。[1] 出土秦剑尚且这般锋利，秦王之剑亦毋庸赘言，秦王拔剑以击荆轲而"断其左股"。股，古汉语当中通常是指大腿，即自胯至膝盖的部分，秦王一剑而断之，秦剑之锋利可见一斑。

陶渊明《咏荆轲》感叹道：

> 燕丹善养士，志在报强嬴。
>
> 招集百夫良，岁暮得荆卿。
>
> 君子死知己，提剑出燕京。
>
> 素骥鸣广陌，慷慨送我行。
>
> 雄发指危冠，猛气冲长缨。
>
> 饮饯易水上，四座列群英。
>
> 渐离击悲筑，宋意唱高声。
>
> 萧萧哀风逝，淡淡寒波生。
>
> 商音更流涕，羽奏壮士惊。
>
> 公知去不归，且有后世名。
>
> 登车何时顾，飞盖入秦庭。
>
> 凌厉越万里，逶迤过千城。

---

① 陕西省博物馆编：《陕西省博物馆》，文物出版社、株式会社讲谈社 1983 年版，第 184 页。

图穷事自至，豪主正怔营。

惜哉剑术疏，奇功遂不成。

其人虽已没，千载有余情。①

陶渊明认为，荆轲刺秦的失败是由于"惜哉剑术疏，奇功遂不成"。这明显是不正确的，或许是作者的一种艺术化表达。《史记·刺客列传》记载荆轲好击剑，曾与剑士论剑，少年侠士秦舞阳甘愿为其副，想必其剑术必定不疏。众所周知，刺秦行动由燕太子丹一手策划，从刺客人选至兵器选择都经过了周密安排，然而最终行动失败，功亏一篑。根据前述分析可知，此次刺杀行动失败的最大原因应在于兵器的差异。秦自商鞅变法以来，各方面实力不断攀升。在兵器锻造技术上，秦人在一定程度上克服了青铜材质易软易脆的缺点，在东周式剑的基础上进一步发展。因此，钟少异先生称之为"秦式剑"②。当然，秦剑虽好，也是强弩之末。秦汉之际，我国的生产工具由铜到铁已是不可避免的趋势，进入两汉以后，我国的兵器也逐渐完成了由铜到铁的过渡。无论如何，曹沫、豫让、专诸、荆轲四剑客所表现出的义无反顾和"士

---

① 袁行霈：《陶渊明集笺注》，中华书局 2003 年版，第 388 页。
② 钟少异：《龙泉霜雪：古剑的历史和传说》，生活·读书·新知三联书店 1998 年版，第 207 页。

为知己者死"的侠义精神深深震撼了司马迁，他们所使用的短剑（匕首）成为其英雄形象的化身。正因如此，司马迁在为《刺客列传》作提要时总结道："曹子匕首，鲁获其田，齐明其信；豫让义不为二心。作刺客列传第二十六。"

第三节　从"项庄舞剑"到"凌统舞刀"：剑的衰落与刀的兴起

杨泓先生曾经做过一个有意思的比较，即"项庄舞剑"与"甘宁舞刀"①，前者发生在公元前三世纪初，后者发生的年代是公元三世纪上半叶，前后相去四百多年。这四百余年是中国古兵器史上不寻常的时期，完成了由剑至环刀（环首刀、环柄刀）的转变。公元前206年，反秦战争业已完成。各路义军名义上咸归楚怀王节制，其中势力最大者乃项羽和刘邦。刘邦迫于形势，不得不前往鸿门（位于今西安市临潼区）项羽营中谢罪，项羽设宴相待，这就是历史上著名的鸿门宴。司马迁用生动的文笔记述了项庄舞剑的前因后果。席间"范增数目项王，举所佩玉玦以示之者三，项王默然不

① 杨泓：《中国古兵器论丛》（增订本），文物出版社1985年版，第115~116页。

应"，范增遂离席出帐，召项庄说道："君王为人不忍，若入前为寿，寿毕，请以剑舞，因击沛公于座，杀之。"项庄寿毕之后便"请以舞剑"，"项庄拔剑起舞，项伯亦拔剑起舞，常以身翼蔽沛公，庄不得击"。在这段"项庄舞剑，意在沛公"的历史记载中，需要说明的是剑舞。剑舞是秦汉贵族宴饮时，非常流行的一种娱乐活动。典型的图像史料要属四川成都出土的汉画像砖，其中剑舞图像婀娜多姿、栩栩如生，从身体姿势来看应是剑舞与弄瓶的结合。

图 4-6① 四川成都出土汉画像砖之剑舞图

剑也是整场鸿门宴中楚汉双方使用最多的兵器。诸如樊

---

① 孙机：《汉代物质文化资料图说》，文物出版社 1990 年版，第 389 页。

哙乃是:

> 带剑拥盾入军门。交戟之卫士欲止不内,樊哙侧其
> 盾以撞,卫士扑地,哙遂入,披帷西向立,瞋目视项王,
> 头发上指,目眦尽裂。①

项王亦:

> 按剑而跽曰:"客何者为?"张良曰:"沛公之参乘
> 樊哙者也。"项王曰:"壮士,赐之卮酒。"则与斗卮酒。
> 哙拜谢,起,立而饮之。项王曰:"赐之彘肩。"则与一
> 生彘肩。②

于是樊哙:

> 覆其盾于地,加彘肩上,拔剑切而啖之。③

当刘邦不辞而别时,樊哙、夏侯婴、靳彊、纪信四人

---

① 〔汉〕司马迁:《史记》,中华书局 2014 年版,第 399 页。
② 〔汉〕司马迁:《史记》,中华书局 2014 年版,第 399~400 页。
③ 〔汉〕司马迁:《史记》,中华书局 2014 年版,第 400 页。

"持剑拥盾",随行护驾。项王谋士范增痛感项羽放走刘邦,将刘邦赠送的玉斗"置之地,拔剑撞而破之"。

由鸿门宴的故事可以看出,秦汉之际佩剑之风已经非常盛行。这场鸿门宴中,上至主将项羽,中至谋士范增,下至参乘樊哙,卫士夏侯婴、靳彊、纪信,无论官职大小,一律佩剑。由这一行人的装备也可看出,"持剑拥盾"是当时步兵的标准配置。汉晋以降,剑的实战功效逐渐被环刀所取代,但佩剑作为礼制却得以保存。《晋书·舆服志》载:"汉制,自天子至于百官,无不佩剑,其后惟朝带剑。晋世始代之以木,贵者犹用玉首,贱者亦用蚌、金银、玳瑁为雕饰。"[1]《隋书·礼仪志》载:"一品,玉具剑,佩山玄玉。二品,金装剑,佩水苍玉。三品及开国子男、五等散品名号侯虽四、五品,并银装剑,佩水苍玉。侍中已下,通直郎已上,陪位则像剑。带真剑者,入宗庙及升殿,若在仗内,皆解剑。一品及散郡公、开国公侯伯,皆双佩。二品、三品及开国子男、五等散品名号侯,皆只佩。绶亦如之。"[2] 唐承前制,保持了各级官员佩剑的传统。[3] 此外,剑作为实战兵器被战场淘汰后,剑舞的传统一直延续至隋唐。唐代教坊女乐中还有"剑

---

① 〔唐〕房玄龄等:《晋书》,中华书局1974年版,第771页。
② 〔唐〕魏徵、令狐德棻:《隋书》,中华书局1973年版,第242页。
③ 〔后晋〕刘昫等:《旧唐书》,中华书局1975年版,第1929~1958页。

器"之舞，就是以剑为道具的舞蹈。唐玄宗时，公孙大娘就善于舞剑，冠绝天下，无出其右。杜甫观公孙大娘舞剑有感而发，作《观公孙大娘弟子舞剑器行》，其中便对公孙大娘的剑姿做了生动描写：

昔有佳人公孙氏，一舞剑器动四方。

观者如山色沮丧，天地为之久低昂。

㸌如羿射九日落，矫如群帝骖龙翔。

来如雷霆收震怒，罢如江海凝清光。

绛唇珠袖两寂寞，况有弟子传芬芳。

临颍美人在白帝，妙舞此曲神扬扬。

与余问答既有以，感时抚事增惋伤。

先帝侍女八千人，公孙剑器初第一。

五十年间似反掌，风尘倾洞昏王室。

梨园弟子散如烟，女乐余姿映寒日。

金粟堆南木已拱，瞿唐石城草萧瑟。

玳筵急管曲复终，乐极哀来月东出。

老夫不知其所往，足茧荒山转愁疾。①

① 谢思炜校注：《杜甫集校注》，上海古籍出版社 2015 年版，第 1052～1053 页。

四百多年后，同样是一场杀机四伏的宴会，兵器变成了环刀。裴松之注《三国志》引《吴书》记载了"凌统舞刀"这个故事：

> 凌统怨宁杀其父操，宁常备统，不与相见。权亦命统不得雠之。尝于吕蒙舍会，酒酣，统乃以刀舞。宁起曰："宁能双戟舞。"蒙曰："宁虽能，未若蒙之巧也。"因操刀持楯，以身分之。后权知统意，因令宁将兵，遂徙屯于半州。①

凌统与甘宁有隙，欲借宴会之机，以舞刀娱宾为名刺杀甘宁。这时的军中主战短兵已由昔日之剑变为今时之环刀，下面我们尝试分析这一历史演变过程。

其一，从前文相关论述可知，商周秦汉之际，军中格斗短兵以剑为主，秦始皇陵兵马俑丛葬坑出土的相关格斗短兵也以剑为主，这些都是有力的证明。刀在东汉以前并不是军中格斗短兵，《史记》中出现的刀印证了这一点，列表附以说明：

---

① 〔晋〕陈寿：《三国志》，中华书局 1982 年版，第 1295 页。

《史记》中的刀

序号	出处	修订本页码
1	卷六《秦始皇本纪》 　　郑伯茅旌鸾刀，严王退舍。河决不可复壅，鱼烂不可复全。贾谊、司马迁曰："向使婴有庸主之才，仅得中佐，山东虽乱，秦之地可全而有，宗庙之祀未当绝也。"	第367页
2	卷七《项羽本纪》 　　沛公曰："今者出，未辞也，为之奈何？"樊哙曰："大行不顾细谨，大礼不辞小让。如今人方为刀俎，我为鱼肉，何辞为！"于是遂去。	第401页
3	卷二十《建元以来侯者年表》 　　王迁，家在卫。为尚书郎，习刀笔之文。侍中，事昭帝。帝崩，立宣帝，决疑定策，以安宗庙功侯，二千户。为光禄大夫，秩中二千石。坐受诸侯王金钱财，漏泄中事，诛死，国除。	第1262页

（续表）

序号	出处	修订本页码
4	卷三十《平准书》 　　太史公曰：农工商交易之路通，而龟贝金钱<u>刀</u>布之币兴焉。	第1738页
	《平准书》 　　虞夏之币，金为三品，或黄，或白，或赤；或钱，或布，或<u>刀</u>，或龟贝。及至秦，中一国之币为二等，黄金以溢名，为上币；铜钱识曰半两，重如其文，为下币。	第1739页
5	卷三十九《晋世家》 　　宦者曰："臣<u>刀</u>锯之余，不敢以二心事君倍主，故得罪于君。君已反国，其毋蒲、翟乎？且管仲射钩，桓公以霸。今刑余之人以事告而君不见，祸又且及矣。"	第2005页
6	卷五十三《萧相国世家》 　　太史公曰：萧相国何于秦时为<u>刀</u>笔吏，录录未有奇节。及汉兴，依日月之末光，何谨守管籥，因民之疾秦法，顺流与之更始。淮阴、黥布等皆以诛灭，而何之勋烂焉。位冠群臣，声施后世，与闳夭、散宜生等争烈矣。	第2452页

（续表）

序号	出处	修订本页码
7	卷六十七《仲尼弟子列传》 　　子游既已受业，为武城宰。孔子过，闻弦歌之声。孔子莞尔而笑曰："割鸡焉用牛刀？"	第 2675 页
8	卷七十七《魏公子列传》 　　侯生曰："公子畏死邪？何泣也？"公子曰："晋鄙嚄唶宿将，往恐不听，必当杀之，是以泣耳，岂畏死哉？"于是公子请朱亥。朱亥笑曰："臣乃市井鼓刀屠者，而公子亲数存之，所以不报谢者，以为小礼无所用。今公子有急，此乃臣效命之秋也。"	第 2893 页
9	卷七十八《春申君列传》 　　赵平原君使人于春申君，春申君舍之于上舍。赵使欲夸楚，为玳瑁簪，刀剑室以珠玉饰之，请命春申君客。春申君客三千余人，其上客皆蹑珠履以见赵使，赵使大惭。	第 2907 页

（续表）

序号	出处	修订本页码
10	卷七十九《范雎蔡泽列传》 　　蔡泽曰："若夫秦之商君，楚之吴起，越之大夫种，其卒然亦可愿与？"应侯知蔡泽之欲困己以说，复谬曰："何为不可？夫公孙鞅之事孝公也，极身无贰虑，尽公而不顾私；设刀锯以禁奸邪，信赏罚以致治；披腹心，示情素，蒙怨咎，欺旧友，夺魏公子印，安秦社稷，利百姓，卒为秦禽将破敌，攘地千里。"	第 2935 页
11	卷八十四《屈原贾生列传》 　　世谓伯夷贪兮，谓盗跖廉；莫邪为顿兮，铅刀为铦。	第 3022 页
12	卷八十六《刺客列传》 　　豫让遁逃山中，曰："嗟乎！士为知己者死，女为说己者容。今智伯知我，我必为报雠而死，以报智伯，则吾魂魄不愧矣。"乃变名姓为刑人，入宫涂厕，中挟匕首，欲以刺襄子。襄子如厕，心动，执问涂厕之刑人，则豫让，内持刀兵，曰："欲为智伯报仇！"左右欲诛之。	第 3058 页

（续表）

序号	出处	修订本页码
12	《刺客列传》 久之，聂政母死。既已葬，除服，聂政曰："嗟乎！政乃市井之人，鼓刀以屠；而严仲子乃诸侯之卿相也，不远千里，枉车骑而交臣。臣之所以待之，至浅鲜矣，未有大功可以称者，而严仲子奉百金为亲寿，我虽不受，然是者徒深知政也。夫贤者以感忿睚眦之意而亲信穷僻之人，而政独安得嘿然而已乎！且前日要政，政徒以老母；老母今以天年终，政将为知己者用。"	第3062—3063页
13	卷八十七《李斯列传》 高曰："高固内官之厮役也，幸得以刀笔之文进入秦宫，管事二十余年，未尝见秦免罢丞相功臣有封及二世者也，卒皆以诛亡。皇帝二十余子，皆君之所知。长子刚毅而武勇，信人而奋士，即位必用蒙恬为丞相，君侯终不怀通侯之印归于乡里，明矣。高受诏教习胡亥，使学以法事数年矣，未尝见过失。慈仁笃厚，轻财重士，辩于心而诎于口，尽礼敬士，秦之诸子未有及此者，可以为嗣。君计而定之。"	第3094页

（续表）

序号	出处	修订本页码
14	卷九十二《淮阴侯列传》 　　淮阴屠中少年有侮信者，曰："若虽长大，好带刀剑，中情怯耳。"众辱之曰："信能死，刺我；不能死，出我袴下。"于是信孰视之，俛出袴下，蒲伏。一市人皆笑信，以为怯。	第3166页

　　从上表可以辨析出，《史记》中的刀主要是用作工具的刀具，并非后来的军用之刀。例如，《秦始皇本纪》中的"鸾刀"、《建元以来侯者年表》《萧相国世家》《李斯列传》中的"刀笔（吏）"、《仲尼弟子列传》中的"牛刀"、《魏公子列传》中的屠宰之"刀"、《晋世家》《范雎蔡泽列传》中的"刀锯"、《屈原贾生列传》中的"铅刀"。《平准书》中的"刀"乃是指货币，《刺客列传》中的"刀兵"实为兵器的泛指。至于《春申君列传》中的"刀剑室"、《淮阴侯列传》中的"刀剑"，则是古汉语中的偏义复词，实指剑而非刀。

　　这里对鸾刀进行简要说明。井超《论"鸾刀"的形制及其文化内涵》一文中确认鸾刀为一种先秦时期刀环有铃的、宗庙祭祀切割用刀，是先秦礼仪文化的表征。① 司马迁所处的时代，正是中国兵器史上格斗短兵大转型的时期（由剑至环刀）。因此，《史记》中所记的"刀"是生产生活的刀，不是军事战斗的刀，这一点是需要明确的。

其二，由剑至刀的转变总体是在汉武帝时期全面展开的，旷日持久的汉匈战争是这一转变的加速剂。战国时，军中格斗短兵已经形成了"持剑拥盾"的搭配。《荀子·议兵》中指出："魏氏之武卒，以度取之，衣三属之甲，操十二石之弩，负服矢五十个，置戈其上，冠轴带剑，赢三日之粮，日中而趋百里。中试则复其户，利其田宅，是数年而衰而未可夺也，改造则不易周也。是故地虽大，其税必寡，是危国之兵也。"《史记·苏秦列传》也指出："以韩卒之勇，被坚甲，跖劲弩，带利剑，一人当百，不足言也。"楚汉之交，刘邦、樊哙、夏侯婴、靳彊、纪信等人"带剑拥盾"赴鸿门宴，这是当时步兵短兵的标准配置。汉文帝时，依然保持着"带剑拥盾"的装备，比如晁错《言兵事疏》曰"下马地斗，剑戟相接，去就相薄，则匈奴之足弗能给也"，这说明在与匈奴的短兵肉搏中依然以剑为主。而汉武帝时期经年累月的汉匈战争则促成了这一转变。首先，汉武帝时期汉匈战争频繁。如

① 赵逵夫主编：《先秦文学与文化》（第五辑），上海古籍出版社 2016 年版，第 296~302 页。

前述卫青、霍去病在讨伐匈奴的战役中，放弃了中原自战国以来形成的步车军团，而选择了步骑军团；同时为了克服农耕军队不善骑射的弱点，大胆采用了骑兵冲击战术。当骑兵冲入敌阵之后，双方骑士均呈错蹄状态进入短兵格斗。"错蹄"相对于车战中的"错毂"，敌我双方的格斗距离大大缩短。这种狭窄的作战间距已不便使用戟、矛等格斗长兵，挥舞随身的佩剑则可最大程度地杀伤敌人。众所周知，剑为双刃直刺类兵器，穿刺效果佳，但两面开刃也造成剑体相对薄弱，从而导致它在"错蹄"挥砍时易折断。因此，一种全新的、造价低廉的、更加适宜劈砍的格斗短兵应运而生，这便是环刀，亦称环首刀或环柄刀。环刀的出现成功解决了剑易折断的难题。现已知年代较早的环刀实物出土于河北满城中山靖王刘胜墓。

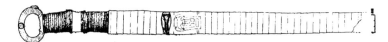

图 4-7[①]　河北满城中山靖王刘胜墓出土环刀

此刀刀身细长，刀背平直，断面呈楔形。刀茎略窄于刀身，断面亦呈楔形，茎外夹以木片，用麻（？）缠紧，涂以

---

① 中国社会科学院考古研究所、河北省文物管理处编：《满城汉墓发掘报告》上，文物出版社 1980 年版，第 105 页。

褐漆，其外自下而上绕以 3 毫米粗的丝缑。环首上用 4 毫米宽的长带状金片包缠。刀鞘保存较好，是用二木片挖槽弥合而成。鞘外先缠以麻，再裹多层丝织品，最后髹朱红色漆，外表似绦带缠绕状。在离鞘口 11.5 厘米处突起一长方形座，出土时，座上附一金带铐，应作佩刀之用。该刀经 X 光透视，刃部锈蚀较甚，刀身无铭文或纹饰。刀尖和鞘尾端原已残损，今予修复。残长 62.7 厘米、刀身残长 46.8 厘米、宽 4.2 厘米、柄宽 3.7 厘米、环径 6.4 厘米。① 从刘胜墓出土的情况看，共有 9 柄铁剑，且铁剑的数量还是要明显多于环刀，这说明剑在当时还是有一定的社会地位。环刀厚脊薄刃，单侧开刃，刀身厚重，这些特点使得它极易劈斩，不易折断。而单侧开刃也节约了成本，使得其在军队中可以广泛普及。可以想见，当匈奴军团失去了奔逐骑射的优势，双方骑兵搅杀在一起时，游牧者手中的短剑根本不是汉式环刀的敌手。由卫青、霍去病率领的骑兵冲击战客观上促成了环刀的兴起，而环刀的兴起则保证了汉军在战术上的胜利，基本解决了秦汉以来百年间的匈奴之患，开辟了广大西域版图。因此可以说，由剑向刀的转型是具有重要的历史意义的。

　　大约在司马迁所处的时期，汉匈双方持续大战逐渐完成

① 中国社会科学院考古研究所、河北省文物管理处编：《满城汉墓发掘报告》上，文物出版社 1980 年版，第 105 页。

了由剑向刀的过渡。比如当时的名将李广最后悲壮地"引刀自刭"①，苏武被扣匈奴后，为了不失汉节，"引佩刀自刺"②。更为直接的证明则是汉昭帝初立时期，朝廷派遣任立政等人赴匈奴招抚李陵，单于设酒宴招待汉使，李陵坐席。由于匈奴方面不允许汉使与李陵私下谈话，因此任立政"目视陵，而数数自循其刀环，握其足，阴谕之，言可还归汉也"③。可见任立政所佩之刀应是汉式环首刀。到了东汉时期，佩刀制度也和此前的佩剑一样，成为国家的正式舆服制度。

《后汉书·舆服志》：

> 佩刀，乘舆黄金通身貂错，半鲛鱼鳞，金漆错，雌黄室，五色罽隐室华。诸侯王黄金错，环挟半鲛，黑室。公卿百官皆纯黑，不半鲛。小黄门雌黄室，中黄门朱室，童子皆虎爪文，虎贲黄室虎文，其将白虎文，皆以白珠鲛为鐍口之饰。乘舆者，加翡翠山，纤婴其侧。④

南朝梁刘昭为这段话作注解释道："臣昭案：自天子至于庶人，咸皆带剑。剑之于刀，形制不同，名称各异，故萧何

---

① 〔汉〕班固：《汉书》，中华书局 1962 年版，第 2449 页。
② 〔汉〕班固：《汉书》，中华书局 1962 年版，第 2461 页。
③ 〔汉〕班固：《汉书》，中华书局 1962 年版，第 2458 页。
④ 〔南朝宋〕范晔：《后汉书》，中华书局 1965 年版，第 3672 页。

剑履上殿，不称为刀，而此志言不及剑，如为未备。"① 显然，刘昭对两汉时期剑刀更替的情况不是十分了解，才误解是《舆服志》记载未备。

东汉时期使用环刀的例证亦不乏史载。最为人所熟知的是班超于汉明帝永平十六年（73），以"不入虎穴，焉得虎子"的气魄，斩杀匈奴使者百余人，从而一举震怖鄯善国。汉式环刀的威力令西域诸国臣服，而《史记》中曹沫、专诸、荆轲这些侠义之士手中的剑，也同样在继承其侠义精神的东汉时人手中转换为刀。《后汉书·独行列传》记载：

> 彭修字子阳，会稽毗陵人也。年十五时，父为郡吏，得休，与修俱归，道为盗所劫，修困迫，乃拔佩刀前持盗帅曰："父辱子死，卿不顾死邪？"盗相谓曰："此童子义士也，不宜逼之。"遂辞谢而去。乡党称其名。②

《后汉书·列女传》中也记载了一位有侠义精神的女性——乐羊子妻，为保护家人引刀自刭，书中这样写道：

---

① 〔南朝宋〕范晔：《后汉书》，中华书局 1965 年版，第 3672 页。
② 〔南朝宋〕范晔：《后汉书》，中华书局 1965 年版，第 2673 页。

后盗欲有犯妻者，乃先劫其姑。妻闻，操刀而出。盗人曰："释汝刀从我者可全，不从我者，则杀汝姑。"妻仰天而叹，举刀刎颈而死。盗亦不杀其姑。太守闻之，即捕杀盗贼，而赐妻缣帛，以礼葬之，号曰"贞义"。①

此外，我们耳熟能详的《三国演义》中，东汉末年董卓提议废立皇帝，袁绍拔剑与之对峙；孙权挥剑断案表明抗曹决心。但在《三国志》的记载中，袁绍与孙权使用的是环刀而不是剑。② 从东汉学者刘熙《释名》对剑与刀的解释也能看出，二者的角色已经完成了互换。《释名》曰："刀，到也，以斩伐到其所，乃击之也。"③ 又曰："剑，检也，所以

---

① 〔南朝宋〕范晔：《后汉书》，中华书局 1965 年版，第 2793 页。

② 罗贯中《三国演义》第三回《议温明董卓叱丁原 馈金珠李肃说吕布》："是日，太傅袁隗与百官皆到。酒行数巡，卓按剑曰：'今上暗弱，不可以奉宗庙；吾将依伊尹、霍光故事，废帝为弘农王，立陈留王为帝。有不从者斩！'群臣惶怖莫敢对。中军校尉袁绍挺身出曰：'今上即位未几，并无失德，汝欲废嫡立庶，非反而何？'卓怒曰：'天下事在我！我今为之，谁敢不从！汝视我之剑不利否？'袁绍亦拔剑曰：'汝剑利，吾剑未尝不利！'两个在筵上对敌。"《三国志·袁绍传》："董卓呼绍，议欲废帝，立陈留王。是时，绍叔父隗为太傅，绍伪许之，曰：'此大事，出当与太傅议。'卓曰：'刘氏种不足复遗。'绍不应，横刀长揖而去。"《三国演义》第四十四回《孔明用智激周瑜 孙权决计破曹操》："权霍然起曰：'老贼欲废汉自立久矣，所惧二袁、吕布、刘表与孤耳。今数雄已灭，惟孤尚存。孤与老贼，誓不两立！卿言当伐，甚合孤意。此天以卿授我也。'瑜曰：'臣为将军决一血战，万死不辞。只恐将军狐疑不定。'权拔佩剑砍面前奏案一角曰：'诸官将有再言降操者，与此案同！'"《三国志·周瑜传》裴松之注引《江表传》："权拔刀斫前奏案曰：'诸将吏敢复有言当迎操者，与此案同！'"

③ 〔汉〕刘熙：《释名》，中华书局 2020 年版，第 100 页。

防检非常也。"① 东汉以后直至近代以前，军中的格斗短兵就一直是刀了，《武经总要》与《纪效新书》有较为明确的记载，此处就无须赘言了。

小　结

本章讨论了《史记》中的剑和刀，作为前后交替的两种格斗短兵，《史记》充分呈现了它们的历史意义。《史记》作为成书于西汉中期的一部历史巨著，自然无法预知刀剑的全面交替，但这种转变趋势已经隐含在《史记》的诸多人物传记当中。剑是华夏民族接受西域文化和吴越文化而发展出的一种御体自卫短兵，而环刀则是汉匈战争中作战方式转变的产物。剑与刀的更替，不仅仅是两种兵器形式的更替，更是中国古代军事思想和战略的转型。西汉中期的汉匈战争，是东亚历史上游牧民族与农耕民族的第一次全面战争，不同于以往管仲的尊王攘夷、李牧的诱而歼之，更不同于秦始皇筑长城而守之，对于汉匈双方而言，这场交锋均是无先例可循的。汉匈之战结束后，剑作为格斗短兵逐渐退出战场，环刀兴起，延续一千余年之久。可以说，剑作为实战兵器被淘汰，宣告了"古典战争"方式的彻底

① 〔汉〕刘熙：《释名》，中华书局2020年版，第102页。

结束，而汉匈战争则拉开了长达一千余年"中古战争"的序幕。(笔者根据中国古兵器的发展脉络，试将中国古代战争分为"古典战争"、"中古战争"与"近古战争"三种形态。)从战争史角度而言，《史记》对中国古代战争和兵器的记载具有重要的历史意义。

第五章
一家之言——余论

　　《史记》是包罗万象的历史著作，又是光彩炫目的文学巨著。同时，《史记》体大精深，包罗万象。《史记》记载了三千年的历史，也记载了三千年的战争史，包含了这些战争中使用的各类兵器。《史记》不是专门记载兵器的书籍，它是写人的经典，是我国纪传体史学的奠基之作。因此，《史记》并不是枯燥而乏味地罗列一件件兵器，而是将它们融合到一个个具体的、活生生的人物形象中。比如之前所述李广之弓、李陵之弩①、项羽之戟、荆轲之剑（匕首）等。司马迁对这些英雄人物的经典描写，也赋予了他们手中的冷兵器鲜活的生命力，同时这些兵器又提升了这些英雄人物的人格魅力，甚至成为这些历史人物形象在之后各类文艺作品中出现时的必有配置。当然，对于《史记》中兵器的认识不仅要结合这些具体的人物形象，更应当放到整个中国古兵史乃至中国古代战争史中。正如张新科先生所言：

> 《史记》的文学特性是建立在历史特性之上的。《史记》首先是历史，但又不同于纯粹的历史资料；作为文学，它又不同于纯文学的虚构，不是为文学而文学。所以，研究《史记》的文学特征时，必须将历史家的眼光与文学家的眼光结合起来。②

张新科先生的观点虽是就研究《史纪》的文学特征而

---

① 关于李陵在浚稽山之战中的出色指挥和用大黄（弩）狙击匈奴单于神勇场面的描写，主要来自《汉书》，而非《史记》，但这些情节不同于《汉书》一贯工整拘谨的语言风格。从某种程度上可以说，《汉书·李陵传》直接承袭了司马迁《报任安书》为李陵塑造的悲剧英雄形象，以近似司马迁语言风格的笔致，反映出班固对司马迁的同情和理解，甚至可以理解为是班固代司马迁为李陵作传。（详见何寄澎《〈汉书〉李陵书写的深层意涵》，载《文学遗产》2010 年第 1 期。）

② 张新科：《〈史记〉与中国文学》（增订版），商务印书馆 2010 年版，第 2 页。

论，但研究《史记》中的兵器亦要确立这一原则。首先，《史记》不是专门的军事史、战争史著述，更不是枯燥的兵器说明文，《史记》中的兵器不是专为兵器而写。作为信实可靠的实录再加上合理的文学想象，一部三千年的大历史著作应运而生，战争作为人类政治生活的延伸被记录在内，而兵器作为战争中必不可少的元素进入《史记》当中。其次，《史记》记载的历史时间跨度久，需要特别留意的，一是就考古学而言，其中的兵器经历了由青铜兵器向钢铁兵器的转型，而这一转型大约就是在司马迁生活的时期完成的。二是就战争形态而言，《史记》中记录的战争完成了由"古典战争"向"中古战争"的过渡。三是就战争范围而言，《史记》中记录的战争大大突破了《尚书》《左传》中所书写的战争范围，由"同态战争"扩展至"异态战争"①，这种战争观下的历史记录是司马迁的首创。

　　另外，研究《史记》兵器问题，还应当将其放入军事理

---

　　① 《南北战争三百年：中国4—6世纪的军事与政权》一书中认为，汉匈大规模交战之前，中原政权（华夏政权）内部各诸侯作战时的兵种、战术手段、作战思想、后勤保障、战争动员形式等都基本相同，并将这种战争统称为"同态战争"；对于汉匈双方而言，汉军擅长的步兵扎营、构筑壁垒的阵地战，以及匈奴军擅长的骑射包围、围而不陷（骑兵军团强行陷阵）的游击战，都是双方无前例可循的作战方式，汉武帝时期，欧亚大陆上这两种迥然不同的战争模式第一次大规模碰撞，故称其为"异态战争"。（参见李硕著《南北战争三百年：中国4—6世纪的军事与政权》，上海人民出版社2018年版，第33~35页。）

论框架中进行综合考察。张新科先生在《史记学概论》中说道：

> 《史记》一书展现三千年历史。三千年，充满着血与火的战争，中华民族就是在这种艰难的历程中走向了大一统。出现了无数次的战争，也产生无数的军事家。战争为什么爆发？战争的内外因素、因果关系是什么？战场地址的选择、武器装备是什么？军事家如何指挥战争？古代战争对今天的借鉴意义是什么？等等。这些都要运用军事学理论去解决。仅举一例。《左传》所记的城濮之战，是历史上著名的战争，《史记》中对此战争也有记载。这场大战是春秋时代晋楚两国在中原的一次争霸，晋国以弱胜强，以少胜多。毛泽东在《论持久战》中总结道："主观指导的正确与否，影响到优势劣势和主动被动的变化，观于强大之军打败仗、弱小之军打胜仗的历史事实而益信。""都是先以自己局部的优势和主动，向着敌人局部的劣势和被动，一战而胜，再及其余，各个击破，全局因而转成了优势，转成了主动。"这个总结是十分精彩的，揭示出这场大战晋国取胜的原因及其对今天战争的借鉴意义。研究

《史记》中的战争，离不了军事学理论。①

　　本书便是以上述原则为指导，梳理了《史记》当中的抛射类兵器、格斗类长兵与御体类短兵。当然，《史记》作为一面"究天人之际，通古今之变，成一家之言"的大纛，其中关于兵器的内容远远不止于此，其他的诸如兜鍪、盾牌、甲胄等，对这些兵器的研究都是我们今后要做的工作，以期为史记学研究添砖加瓦。

---

① 张新科：《史记学概论》，商务印书馆 2003 年版，第 249～250 页。

参考文献

一、古籍类

〔汉〕司马迁：《史记》，中华书局 2014 年版。

〔汉〕司马迁撰，〔日〕泷川资言考证，杨海峥整理：《史记会注考证》，上海古籍出版社 2015 年版。

张大可、丁德科通解：《史记通解》，商务印书馆 2015 年版。

韩兆琦编著：《史记笺证》，江西人民出版社 2015 年版。

王利器主编：《史记注译》，三秦出版社 1988 年版。

〔汉〕班固：《汉书》，中华书局 1962 年版。

〔晋〕陈寿：《三国志》，中华书局 1982 年版。

〔南朝宋〕范晔：《后汉书》，中华书局 1965 年版。

〔唐〕房玄龄等：《晋书》，中华书局 1974 年版。

〔唐〕魏徵、令狐德棻：《隋书》，中华书局 1973 年版。

〔后晋〕刘昫等：《旧唐书》，中华书局 1975 年版。

〔宋〕欧阳修、宋祁：《新唐书》，中华书局 1975 年版。

〔元〕脱脱等：《宋史》，中华书局 1977 年版。

〔元〕脱脱等：《辽史》，中华书局 1974 年版。

〔汉〕孔安国传，〔唐〕孔颖达正义：《尚书正义》，上海古籍出版社 2007 年版。

〔汉〕毛亨传，〔汉〕郑玄笺，〔唐〕孔颖达疏，龚抗云等整理，肖永明等审定：《十三经注疏·毛诗正义》，北京大学出版社 1999 年版。

〔汉〕毛亨传，〔汉〕郑玄笺，〔唐〕陆德明音义，孔祥军点校：《毛诗传笺》，中华书局 2018 年版。

〔汉〕郑玄注，〔唐〕孔颖达正义，吕友仁整理：《礼记正义》，上海古籍出版社 2008 年版。

楼宇烈主撰：《荀子新注》，中华书局 2018 年版。

〔汉〕刘熙：《释名》，中华书局 2020 年版。

〔汉〕宋衷注，〔清〕茆泮林辑：《世本》，中华书局 1985 年版。

班吉庆、王剑、王华宝点校：《说文解字校订本》，凤凰出版社 2004 年版。

〔南朝梁〕萧统编，〔唐〕李善注：《文选》，上海古籍出版社 1986 年版。

〔宋〕徐梦莘：《三朝北盟会编》，上海古籍出版社 1987 年影印版。

许全胜校注：《黑鞑事略校注》，兰州大学出版社 2014 年版。

〔宋〕吕祖谦撰，时澜修订：《增修东莱书说》（三），中华书局 1985 年版。

〔宋〕洪兴祖撰，白化文等点校：《楚辞补注》，中华书局 1983 年版。

〔元〕董鼎：《书传辑录纂注》卷四，文渊阁《四库全书》本。

〔明〕戚继光著，马明达点校：《纪效新书》，人民体育出版社 1988 年版。

《中国兵书集成》编委会编：《中国兵书集成 3·武经总要》，解放军出版社、辽沈书社 1988 年版。

〔清〕顾炎武著，陈垣校注：《日知录校注》，安徽大学出版社 2007 年版。

〔清〕牛运震撰，魏耕原、张亚玲整理点校：《史记评注》，三秦出版社 2011 年版。

〔清〕孙星衍撰，陈抗、盛冬铃点校：《尚书今古文注疏》，中华书局 2004 年版。

〔清〕郝懿行撰，栾保群点校：《山海经笺疏》，中华书局 2021 年版。

李景星著，韩兆琦、俞樟华校点：《四史评议》，岳麓书社 1986 年版。

袁行霈：《陶渊明集笺注》，中华书局 2003 年版。

二、图录与图册

敦煌研究院主编：《敦煌石窟全集 3·本生因缘故事画卷》，上海人民出版社 2001 年版。

敦煌研究院主编：《敦煌石窟全集 19·动物画卷》，上海人民出版社 2000 年版。

中国敦煌壁画全集编辑委员会编，段文杰主编：《中国敦煌壁画全集 2·西魏》，天津人民美术出版社 2002 年版。

中国敦煌壁画全集编辑委员会编，段文杰、樊锦诗主编：《中国敦煌壁画全集 3·敦煌北周》，天津人民美术出版社 2006 年版。

陕西历史博物馆编：《唐墓壁画珍品》，三秦出版社 2011 年版。

成东、钟少异：《中国古代兵器图集》，解放军出版社

1990 年版。

孙机：《汉代物质文化资料图说》，文物出版社 1990 年版。

张宝玺编：《嘉峪关酒泉魏晋十六国墓壁画》，甘肃人民美术出版社 2001 年版。

三、著作类

仓修良主编：《史记辞典》，山东教育出版社 1991 年版。

张新科：《史记学概论》，商务印书馆 2003 年版。

张新科：《〈史记〉与中国文学》（增订版），商务印书馆 2010 年版。

池万兴：《司马迁民族思想研究》，上海古籍出版社 2013 年版。

范文澜、蔡美彪等：《中国通史》第一册，人民出版社 1994 年版。

锋晖：《中华弓箭文化》，新疆人民出版社 2006 年版。

顾颉刚、刘起釪：《尚书校释译论》，中华书局 2005 年版。

黄德馨：《楚国史话》，华中工学院出版社 1983 年版。

黄朴民、魏鸿、熊剑平：《中国兵学思想史》，南京大学出版社 2018 年版。

金铁木主编：《中国古兵器大揭秘·军团篇》，陕西人民出版社 2016 年版。

李硕：《南北战争三百年：中国 4—6 世纪的军事与政权》，上海人民出版社 2018 年版。

林梅村：《汉唐西域与中国文明》，文物出版社 1998 年版。

林小云：《〈吴越春秋〉研究》，华中科技大学出版社 2014 年版。

刘春生校订：《十一家注孙子集校》，广东人民出版社 2019 年版。

杨泓、于炳文：《中国古代物质文化史·兵器》，开明出版社 2020 年版。

刘瑞明编著：《〈山海经〉新注新论》，甘肃文化出版社 2016 年版。

陆锡兴主编：《中国古代器物大词典：兵器·刑具》，河北教育出版社 2004 年版。

吕学明：《中国北方地区出土的先秦时期铜刀研究》，科学出版社 2010 年版。

马叔礼校注：《易经》，西北国际文化有限公司 2015 年版。

吴如嵩、王显臣校注：《李卫公问对校注》，中华书局 2016 年版。

陕西省博物馆编：《陕西省博物馆》，文物出版社、株式会社讲谈社1983年版。

孙机：《中国古代物质文化》，中华书局2014年版。

《中国历代战争史》第2册，中信出版社2012年版。

王明珂：《游牧者的抉择：面对汉帝国的北亚游牧部族》，上海人民出版社2018年版。

王学理：《解读秦俑——考古亲历者的视角》，学苑出版社2011年版。

王兆春：《中国军事科技通史》，解放军出版社2010年版。

王子今：《秦汉名物丛考》，东方出版社2016年版。

闻人军译注：《考工记译注》，上海古籍出版社2008年版。

吴如嵩、黄朴民等：《中国军事通史·第三卷战国军事史》，军事科学院出版社1998年版。

谢思炜校注：《杜甫集校注》，上海古籍出版社2015年版。

习云太：《中国武术史》，人民体育出版社1985年版。

薛英群：《居延汉简通论》，甘肃教育出版社1991年版。

徐勇主编：《先秦兵书通解》，天津人民出版社2002年版。

徐勇注译:《尉缭子·吴子》,中州古籍出版社 2010年版。

杨伯峻:《春秋左传注》,中华书局 1981 年版。

杨宽:《战国史》,上海人民出版社 2016 年版。

杨泓、李力:《中国古兵二十讲》,生活·读书·新知三联书店 2013 年版。

杨泓:《古代兵器通论》,紫禁城出版社 2005 年版。

杨泓:《逝去的风韵——杨泓谈文物》,中华书局 2007年版。

杨泓:《中国古兵器论丛》(增订本),文物出版社 1985年版。

张觉校注:《吴越春秋校注》,岳麓书社 2006 年版。

张震泽:《孙膑兵法校理》,中华书局 1984 年版。

赵逵夫主编:《先秦文学与文化》(第五辑),上海古籍出版社 2016 年版。

中国社会科学院考古研究所、河北省文物管理处编:《满城汉墓发掘报告》(上),文物出版社 1980 年版。

钟少异:《龙泉霜雪:古剑的历史和传说》,生活·读书·新知三联书店 1998 年版。

钟少异:《中国古代军事工程技术史·上古至五代》,山西教育出版社 2008 年版。

陕西省考古研究所、始皇陵秦俑坑考古发掘队编著：《秦始皇陵兵马俑坑一号坑发掘报告 1974—1984》，文物出版社 1988 年版。

周纬：《中国兵器史稿》，中华书局 2018 年版。

［德］恩格斯：《马克思恩格斯选集》第四卷，人民出版社 1972 年版。

［美］巴菲尔德著，袁剑译：《危险的边疆：游牧帝国与中国》，江苏人民出版社 2011 年版。

［美］拉铁摩尔著，唐晓峰译：《中国的亚洲内陆边疆》，江苏人民出版社 2005 年版。

［美］T. N. 杜普伊著，李志兴、严瑞池、王建华、谢储生、孙志成译：《武器和战争的演变》，军事科学出版社 1985 年版。

［美］卡尔·A. 魏特夫著，徐式谷等译：《东方专制主义》，中国社会科学出版社 1989 年版。

［英］李约瑟、［加拿大］叶山等著，钟少异等译：《中国科学技术史·第五卷化学及相关技术·第六分册军事技术：抛射武器和攻守城技术》，科学出版社、上海古籍出版社 2002 年版。

［瑞典］多桑著，冯承钧译：《多桑蒙古史》，中华书局 1962 年版。

［伊朗］志费尼著，何高济译：《世界征服者史》（上册），内蒙古人民出版社 1980 年版。

四、论文类

北京钢铁学院压力加工专业：《易县燕下都 44 号墓葬铁器金相考察初步报告》，载《考古》1975 年第 4 期。

辉县百泉文物保管所、崔墨林：《河南辉县发现吴王夫差铜剑》，载《文物》1976 年第 11 期。

国家文物局古文献研究室、大通上孙家寨汉简整理小组：《大通上孙家寨汉简释文》，载《文物》1981 年第 2 期。

戴遵德：《原平峙峪出土的东周铜器》，载《文物》1972 年第 4 期。

丁宏武：《李陵〈答苏武书〉真伪再探讨》，载《宁夏大学学报》人文社会科学版 2012 年第 2 期。

都古尔扎布：《从对"孙子"与成吉思汗的研究谈当前军事理论研究的几点认识》，见中国人民政治协商会议内蒙古自治区委员会文史资料委员会编《蒙古族古代军事思想研究论文集》，1989 年。

伏奕冰：《〈史记〉军事名物的学术史研究》，载《甘肃社会科学》2018 年第 4 期。

河北省文物管理处：《河北易县燕下都 44 号墓发掘报

告》，载《考古》1975 年第 4 期。

何寄澎：《〈汉书〉李陵书写的深层意涵》，载《文学遗产》2010 年第 1 期。

湖北省博物馆：《一九六三年湖北黄陂盘龙城商代遗址的发掘》，载《文物》1976 年第 1 期。

湖北省文化局文物工作队：《湖北江陵三座楚墓出土大批重要文物》，载《文物》1966 年第 5 期。

皇陵秦俑坑考古发掘队：《秦始皇陵东侧第二号兵马俑坑钻探试掘简报》，载《文物》1978 年第 5 期。

北京市文物研究所山戎文化考古队：《北京延庆军都山东周山戎部落墓地发掘纪略》，载《文物》1989 年第 8 期。

李吉东：《〈尚书·牧誓〉誓师解》，载《齐鲁学刊》2008 年第 3 期。

林寿晋：《东周式铜剑初论》，载《考古学报》1962 年第 2 期。

刘国斌：《〈答苏武书〉的几则证伪材料及其辨析》，载《学习月刊》2008 年第 10 期下半月。

秦俑坑考古队：《秦始皇陵东侧第三号兵马俑坑清理简报》，载《文物》1979 年第 12 期。

邵蓓：《西周伯制考索》，载《中国史研究》2008 年第 2 期。

始皇陵秦俑坑考古发掘队：《临潼县秦俑坑试掘第一号简报》，载《文物》1975 年第 11 期。

王琳：《李陵〈答苏武书〉的真伪》，载《山东师范大学学报》人文社会科学版 2006 年第 3 期。

襄阳首届亦工亦农考古训练班：《襄阳蔡坡 12 号墓出土吴王夫差剑等文物》，载《文物》1976 年第 11 期。

杨泓：《敦煌莫高窟壁画中军事装备的研究之一——北朝壁画中的具装铠》，见敦煌文物研究所编《1983 年全国敦煌学术讨论会文集·石窟·艺术编上》，甘肃人民出版社 1985 年版。

杨泓：《敦煌莫高窟壁画中军事装备的研究之二——鲜卑骑兵和受突厥影响的唐代骑兵》，见段文杰等编《敦煌学国际研讨会文集·石窟考古编》，辽宁美术出版社 1995 年版。

杨泓：《冯素弗墓马镫和中国马具装铠的发展》，载《辽宁省博物馆馆刊》（2010）。

杨华：《〈尚书·牧誓〉新考》，载《史学月刊》1996 年第 5 期。

杨锡璋：《关于商代青铜戈矛的一些问题》，载《考古与文物》1986 年第 3 期。

章培恒、刘骏：《关于李陵〈与苏武诗〉及〈答苏武书〉的真伪问题》，载《复旦学报》（社会科学版）1998 年第 2 期。

五、外文著作类

Киселев С. В. Древняя история Южной Сибири. М.：Изд-во Академии Наук СССР，1951.

六、电子资源

http：//tv. cctv. com/2015/07/24/VIDE1437700514478320. shtml

后　记

　　自从现代考古学进入中国以来，我国古代兵器研究获得了丰硕的研究成果。新中国成立以后，更是有了长足的进展，杨泓、钟少异、王兆春、沈融等先生长期从事古代兵器研究，建树非凡，构建出了中国古代兵器的基本面貌与历史发展链条。

　　笔者的古代兵学研究正是受到了上述学者很深的影响。2016 年 7 月，笔者进入陕西师范大学文学院博士后流动站从事科研教学工作。在"汉唐旧都，史公故里"的陕西，笔者体会到了三秦文化的壮阔，感受到了"文必秦汉，诗必盛唐"的魅力。在史记学研究颇为发达的陕西师范大学文学院，笔者选择了"《史记》兵器研究"这一课题。

　　笔者从事中国古代兵学研究已有十余年，硕士学位论文

《〈汉书·艺文志·兵书略〉分类及历史形成研究》主要考察《汉志·兵书略》与先秦、秦汉时期战争、军事的历史渊源。攻读博士学位期间，继续以中国古代兵学文化为研究方向，结合敦煌学的相关内容，以《敦煌壁画兵器研究——以攻击类兵器为主》为题撰写了博士论文，并通过答辩，获得历史学博士学位。在博士后流动站期间，笔者在继续研究中国古代兵器的基础上，进一步研读《史记》，并最终以《〈史记〉兵器研究三题》作为出站报告，并顺利出站。

2020年7月，笔者入职西安工业大学文学院，成为一名专职教师。在古代兵器研究方面，西安工业大学文学院"中国兵器文化研究中心"是国内高校中仅有的三家古代兵器研究平台之一，有丰富的兵器资料和优良的兵器研究传统，这些条件都是笔者在科研道路上继续前进的坚实保障。在西安工业大学工作期间，笔者继续修改《〈史记〉兵器研究三题》，最终修订为《〈史记〉兵器研究》。

拙著《〈史记〉兵器研究》的出版得到了西安工业大学科研启动基金和文学院的资助，在此深表感谢。齐鲁书社杨德乾先生在拙著出版的过程中劳心费神，大力协助，在此谨致以诚挚的感谢。由于笔者能力有限，水平一般，拙著的错讹之处在所难免，还请读者朋友批评指正。

伏奕冰

2023年4月于西安